Additional material to this book can be downloaded from http://extras.springer.com

ISBN 978-3-211-86122-6 ISBN 978-3-7091-5509-7 (eBook)
DOI 10.1007/978-3-7091-5509-7

GEOLOGIE DES NEUEN SEMMERINGTUNNEL

VON

WALTER J. SCHMIDT

VORGELEGT IN DER SITZUNG AM 27. MÄRZ 1952

Inhalt

	Seite
Vorwort	1
Allgemeine geologische Verhältnisse und geologische Erforschungsgeschichte	5
Gesteine	6
Ultramylonite	12
Barytvorkommen	14
Technische Eigenschaften der Gesteine	14
Prognosen	15
Geologische Aufnahmen im neuen Tunnel	16
Sondierungsbohrungen	25
Aufschlüsse obertags	30
Gesamtprofil	31
Längsprofil des alten Tunnels	31
Querprofile	32
Stratigraphie	32
Tektonik	36
Gebirgsdruck	41
Wasserverhältnisse	46
Wärmeerscheinungen	48
Technische Angaben	48
Baugeschichte	52
Schlußwort	53
Literaturverzeichnis	55

Vorwort

Vor genau 100 Jahren wurde der erste Semmeringtunnel fertiggestellt. Sein Bau hatte vier Jahre gedauert, 1848—1852. Welch gewaltige Leistung dieser Bau bedeutete, kann erst jetzt, nach der Errichtung des neuen Semmeringtunnels, richtig beurteilt werden. Daß ein Bauwerk bei so schwierigen Gebirgsverhältnissen wie im Gebiet des Semmeringpasses nicht von unbegrenzter Dauer sein kann, ist jedem, der die Verhältnisse kennt, selbstverständlich. Daher verkleinert es in keiner Weise die Leistung der alten Tunnelbauer, wenn nunmehr darangegangen werden mußte, über die normalen Reparaturen hinaus, die Frage des Semmeringtunnels einer neuerlichen Lösung zuzuführen. Dazu wurden von den maßgeblichen Experten vier Möglichkeiten näher untersucht:

1. Durchgreifende Rekonstruktion des bestehenden zweigleisigen Tunnels;

2. Herstellung eines selbständigen neuen eingleisigen Tunnels in unmittelbarer Nähe des alten und Ausbau des alten Tunnels zu einem zweiten eingleisigen Tunnel;

3. Herstellung eines neuen eingleisigen Tunnels in unmittelbarer Nähe des alten mit Hilfe von Querschlägen vom bestehenden Tunnel aus, sonst wie unter 2.

4. Verlegung der Trasse der Semmeringbahn auf der Nord- und Südseite und Bau eines 10 bis 12 km langen Basistunnels.

Daß das Projekt 4 sowohl vom verkehrstechnischen als auch bautechnischen als auch geologisch-technischen Standpunkt aus das günstigste wäre, darin waren alle Beteiligten einig. Seine Durchführung scheiterte jedoch von vornherein an den hohen Baukosten. Mit zusätzlicher Berücksichtigung der finanziellen Seite erwies sich Projekt 2 als das bestgeeignetste. Eine Kompromißlösung zwischen Projekt 2 und 4 war infolge der Geländeverhältnisse sowie der bestehenden Bahnanlagen nicht möglich. Die gewählte Lösung bot somit Gelegenheit, den überaus komplizierten geologischen Bau der Semmeringsattelregion eingehend zu studieren.

Die Österreichische Akademie der Wissenschaften hat diese Studien nicht nur durch Subventionen unterstützt, sondern auch durch die Publikation in ihren Denkschriften der Öffentlichkeit zugänglich gemacht.

Die Generaldirektion der Österreichischen Bundesbahnen hat die Arbeiten in jeder Weise gefördert, sämtliche Unterlagen zur Verfügung gestellt bzw. erheben lassen und durch einen namhaften Druckkostenbeitrag die reiche Ausstattung der Publikation ermöglicht. Ihr ist in erster Linie das Gelingen der Arbeit zu verdanken.

Auch die ausführenden Firmen, Union Baugesellschaft Wien und Universale Hoch- und Tiefbau A. G. Wien, haben jede mögliche Unterstützung gewährt.

Herr Prof. Dr. H. Mohr, der ursprünglich die geologischen Untersuchungen durchführte, hat mich in liebenswürdigster Weise in die Probleme des Semmerings eingeführt und mir dann die gesamten Arbeiten mit Zustimmung der Österreichischen Akademie der Wissenschaften übergeben. Ich habe mich bemüht, dieses Vertrauen zu rechtfertigen.

Auch Herr Ministerialrat Dipl.-Ing. Dr. techn. M. Singer, der Ingenieurgeologe seitens der Österreichischen Bundesbahnen, hat mir viele wertvolle Hinweise gegeben, war aber leider bald nach Baubeginn durch Krankheit verhindert, seine Arbeiten fortzusetzen.

Der Vorstand der Lehrkanzel für technische Geologie der Technischen Hochschule Wien, Prof. Dr. A. Kieslinger, hat mir in seinem Institut die Möglichkeit zu den Laboratoriumsarbeiten gegeben, mich jeweils in verständnisvoller Weise für alle notwendigen Arbeiten beurlaubt und stand mir mit Rat und Tat zur Seite.

Allen genannten Personen und Stellen sage ich hiemit meinen Dank.

Die Befahrungen des Tunnels erfolgten nach Möglichkeit wöchentlich, die Aufnahmen obertags wurden im Sommer 1951 durchgeführt.

Allgemeine geologische Verhältnisse und geologische Erforschungsgeschichte[1])

Im Semmeringgebiet und seiner weiteren Umgebung lassen sich folgende Einheiten von Nord nach Süd unterscheiden:

Eine annähernd in Ostwestrichtung durchlaufende Zone mit mesozoischen Gesteinen: die nördlichen Kalkalpen mit ihren verschiedenen Decken.

Diese werden unterlagert von einer ebenfalls annähernd in Ostwestrichtung durchlaufenden Zone (ungefähre Grenze: Neuberg im Mürztal, Reichenau im Schwarzatal, Ternitz) mit halbmetamorphen Gesteinen, wenigstens zum Teil Paläozoikum: die nördliche Grauwackenzone, unterteilt in eine nördliche und eine südliche Decke.

Diese wird unterlagert von einer ebenfalls annähernd in Ostwestrichtung durchlaufenden Zone (ungefähre Grenze: Kapellen im Mürztal, Gloggnitz im Schwarzatal) mit verschiedenen kristallinen Gesteinen. Diese Zone ist nicht so einheitlich wie die beiden anderen, sondern vielfach zergliedert, sowohl schon innerhalb des Kristallins selbst — es lassen sich verschieden metamorphe Serien trennen, aber auch rein tektonische Einheiten —, als auch durch verschiedene jüngere Einlagerungen, und zwar lassen sich hier solche mit fossilführendem Mesozoikum, meist in Form langgestreckter Züge (Semmering), unterscheiden und solche nur mit Schiefern meist unsicheren Alters (Wechsel). Jede dieser Einheiten besitzt eine eigene kristalline Unterlage, wenngleich diese auch nicht überall vorhanden ist (häufiger bloß tektonischer Kontakt).

Da auch die Grauwackenzone ein ihr zugehöriges eigenes Kristallin besitzt, lassen sich nunmehr drei große Einheiten abgrenzen:

die ostalpinen Decken (Grauwackenzone mit nördlichen Kalkalpen),

die Semmeringdecken,

das Wechselgebiet.

Die prinzipiellen Lagerungsverhältnisse wurden bereits erwähnt, das Wechselgebiet liegt am tiefsten, es taucht unter die Semmeringdecken, diese wieder unter die Ostalpinen Decken.

Wie ebenfalls bereits erwähnt, ist jede dieser großen Einheiten in sich in mehrere kleinere gegliedert.

Von besonderem Interesse war seit jeher der scharfe Gegensatz zwischen dem Mesozoikum der nördlichen Kalkalpen und dem Semmeringmesozoikum, die ja auf Sichtweite nebeneinanderliegen. Dieser Gegensatz, insbesondere nachdem durch die grundlegenden Arbeiten und Fossilfunde F. Toulas die Altersgleichheit sichergestellt war, hat bereits frühzeitig die Aufmerksamkeit der Geologen auf sich gelenkt. Die bahnbrechenden Arbeiten F. Toulas bilden auch heute noch den Grundstein aller Überlegungen in diesem Gebiet.

Mit dem Auftreten der Deckenlehre um die Jahrhundertwende wurde natürlich auch der Semmering in die Alpensynthesen eingebaut. Im einzelnen nicht immer gleich, wurde er doch meist in die Nähe des unterostalpinen Systems gestellt, da er zweifellos unter die Grauwackenzone untertaucht. Dementsprechend mußte man das Wechselgebiet in ein tieferes System, also in die Nähe des Pennins stellen. Die großen Synthesen von P. Termier, L. Kober, R. Staub stellten zwar die weiträumige Verbindung zu den Westalpen und

---

[1]) Von einer eingehenden Darstellung der geologischen Erforschungsgeschichte wurde abgesehen und dafür ein ausführliches Literaturverzeichnis beigegeben.

Karpathen her, aber gerade für den Nordostsporn der Zentralalpen waren sie nicht voll befriedigend. Das lag jedoch sicher zum Teil auch daran, daß nicht genügend Unterlagen vorhanden waren; nicht ohne Grund haben alle Autoren, die das Gebiet aus eigener Anschauung kennen, dieses zu den schwierigsten der ganzen Alpen gestellt.

Die letzte spezielle Synthese des Nordostsporns der Zentralalpen aus dieser Ära, auf Grund eingehender und zahlreicher Untersuchungen und unter Verarbeitung auch der Detailstudien von F. Heritsch, stammt von H. Mohr. In ihr wurde die Detailgliederung in die einzelnen Decken und damit die Grundlage für alle weiteren Arbeiten geschaffen. Leider stehen diese bis heute aus. Lediglich H. P. Cornelius hat bei den Aufnahmsarbeiten zum Kartenblatt Mürzzuschlag einige wertvolle Erkenntnisse gebracht, so die stratigraphische Zugehörigkeit von Kristallin zur Grauwackenzone und die Parallelisierung der bunten Dolomite und Schiefer mit dem bunten Keuper der Karpathen.

Der letzte Deutungsversuch des Gebietes, allerdings mehr für den südöstlichen Teil, stammt vom Verfasser (1951). Demnach ist eine Parallelisierung — soweit man eine solche über so weite Strecken überhaupt vornehmen will — mit Penninikum, bzw. unmittelbar angrenzenden tieferen unterostalpinen Einheiten, nur für das Rechnitzer und Bernsteiner Schiefergebiet (Paläozoikum bis Jura, Faltenachsen alpin orientiert!) möglich. Das diese Gebiete überlagernde Kristallin gliedert sich in eine ganze Reihe von Teildecken, trennbar durch eingeklemmte Züge von Mesozoikum (der erste unmittelbar nördlich der Bernsteiner Schieferinsel), die dann dem Unterostalpin bzw. Mittelostalpin entsprechen. Dabei handelt es sich um eine ausgesprochene Großschuppentektonik, wie sie den Hohen Tauern z. B. durchaus fremd ist. Sowohl Stratigraphie als auch Tektonik entsprechen eher dem karpathischen Bauplan als dem eigentlichen ostalpinen, was ja auch manche der älteren Autoren betont haben. Über diesen Einheiten liegen Deckschollen höher metamorphen Kristallins, die dann im Norden die Grauwackenzone tragen, bzw. im Westen das Grazer Paläozoikum. Die Stellung des eigentlichen Wechselgebietes muß dabei im einzelnen noch offen gelassen werden, da dieses erst einer gründlichen Gesamtkartierung bedarf, ehe irgendwelche Aussagen gemacht werden können.

Das Gebiet des Semmeringpasses selbst, und damit auch die Tunnelbauten, liegt zur Gänze im Bereich der Semmeringdecken, und zwar in deren mesozoischen Schichten. Es handelt sich dabei um verschiedenfarbige Quarzite, Quarzsandsteine, mehr oder weniger phyllitische, verschiedenfarbige Tonschiefer, Dolomite, Kalke und Rauhwacken. Fossilführend sind nachgewiesen Anis-Ladin und Rhät, Lias ist fraglich.

Gesteine

Die im Gebiet des Semmeringpasses vorhandenen Gesteine lassen sich nach ihrem Mineralbestand einteilen in Quarzite, mehr oder weniger phyllitische Tonschiefer, Dolomite, Kalke, Rauhwacken.

Übergänge zwischen den einzelnen Gliedern sind häufig.

Eine besondere Schwierigkeit ergibt sich daraus, daß einzelne im Tunnel erschlossene Gesteine den Aufschlüssen obertags fehlen und umgekehrt. Da die Unterschiede dabei jedoch hauptsächlich auf dem Farbsektor liegen (selbstverständlich wurden die Gesteine aus dem Tunnel auch in trockenem Zustand untersucht usw.) und eine Verbindung von Aufschlüssen obertags mit solchen aus dem Tunnel trotz solcher Farbunterschiede wiederholt zwingend war, wurde nicht gezögert, eine Parallelisierung durchzuführen, solange Mineralbestand, Struktur und Textur eine solche nicht von vornherein ausschlossen. Es betrifft dies vor allem Gesteine der Semmeringquarzitgruppe.

Quarzite

Weißer Quarzit. Das Gestein wurde nur im Tunnel beobachtet. Im allgemeinen ziemlich dicht entwickelt, nur ausnahmsweise grob sandsteinartig; schwach bankig; Schieferungsflächen angedeutet durch serizitische Bestege, silbrig, oft auch etwas grünlich; an den Grenzflächen gegen grüne Schiefer nimmt das Gestein gern eine intensive grüne Färbung an, bedingt durch einwandernde Eisenlösungen; je nach dem Klüftigkeitszustand dringt diese Verfärbung mehr oder weniger tief ein, maximal beobachtet bis zu 1 m; ältere Zerbrechungserscheinungen sind immer vorhanden, oft auch jüngere.

Das Gestein ist leicht zu verwechseln mit ausgebleichten grauen oder grünen Quarziten, insbesondere dann, wenn es sich um kleine, isolierte Schollen handelt. Die sicheren weißen Quarzite treten nur in Verbindung mit der „bunten Serie" auf.

Eine weitere Verwechslungsmöglichkeit besteht mit den weißen Gangquarzen. Solange diese verhältnismäßig unversehrt erhalten sind, bietet natürlich sowohl ihre Lagerung als auch ihre dichte Ausbildung sichere Unterscheidungsmerkmale. Sind jedoch die einzelnen Gänge zu Linsen zerrissen, meist von einer Schieferhaut eingewickelt, und womöglich noch zerpreßt, fallen alle Unterscheidungsmerkmale weg.

Natürlich sind in isoliertem und zerpreßtem Zustand auch Schollen von grauen und grünen Quarziten nicht mehr von Gangquarzen zu trennen, da gerade in solchen Fällen das färbende Pigment fast immer völlig verdrängt worden ist. Mitunter kann dann dessen Anreicherung in den umgebenden Schiefern gewisse Hinweise geben. Schieferflatschen in solchen zerpreßten Quarzpartien sind kein Unterscheidungskriterium, da sie ohne weiteres erst später eingefaltet worden sein können.

Heiler Gangquarz besitzt selten eine Mächtigkeit über 20 cm, meist nur eine solche von einigen Zentimetern.

Bunter Quarzit (Semmeringquarzit). Der verbreitetste Typ obertags, im Tunnel jedoch nur selten und dann meist nur mit grüner Farbe, während in den Aufschlüssen obertags grüne, rote und weiße bzw. farblose Partien auftreten. Die Ausbildung des Gesteins wechselt oft und reicht von groben Quarzsandsteinen, schon fast Konglomeraten, bis zu dichten Quarziten. Schieferflatschen sind immer vorhanden, wechseln allerdings sehr in ihrer Menge. Sie bestehen meist aus Serizit und Chloritmineralien. Die Quarzgerölle selbst haben durch Anwachsvorgänge einen zackigen Umriß gewonnen und senden in alle Richtungen dünne Spitzen aus, im Extremfall an einen zusammengerollten Igel erinnernd. Daß es sich trotz dieser Ausbildungsform um ursprüngliche Gerölle handelt, beweisen die mitunter zahlreichen kleinen Flüssigkeitseinschlüsse. Feldspatreste waren makroskopisch im Untersuchungsmaterial überhaupt nicht, u. d. M. nur sehr spärlich sichtbar und sind schon stark verändert. Es dürfte sich dabei in der Mehrzahl der Fälle um Orthoklas handeln (Mikroklin?). Auch Neubildungen von sauren Plagioklasen sind sehr selten. Das Füllmaterial zwischen den einzelnen gröberen Körnern besteht aus feinem Quarzstaub, Serizit, Chloritmineralien und Zwischenstufen von Tonen und Glimmern.

Eine von Prof. Dr. H. Mohr durchgeführte genauere Untersuchung eines Schliffes ergab für ein solches fragliches Mineral folgende Eigenschaften: „Farbe gras- bis smaragdgrün; Ausbildungsform krümelig bis schuppig-faserig; größere Schuppen sind deutlich pleochroitisch, senkrecht zu den Spaltrissen gelblichgrün, parallel grasgrün; die Doppelbrechung ist wechselnd, oft aber nur etwas niedriger als bei dem angrenzenden Serizit; für ein Achsenbild sind die einzelnen Schuppen zu klein. Die optischen Eigenschaften schließen das Mineral am ehesten an den Seladonit an."

Zusätzlich zu dem oben angeführten Mineralbestand treten feine Rutilnädelchen auf, stellenweise auch dunkle Erzkörner, u. d. M. schwarz. Die mitunter makroskopisch beobachtbaren Rostputzen deuten ebenfalls auf einen stellenweisen Erzgehalt, wahrscheinlich Pyrit.

In den Gesteinen machen sich sowohl ältere Zerbrechungserscheinungen bemerkbar als auch jüngere. Eine völlige Zerpressung zu Grus, ja oft bis zu Staubsand ist häufig.

Diese obertags in so charakteristischer Form auftretenden Gesteine lassen sich im Tunnel häufig kaum mehr wiedererkennen. Aufschlüsse obertags, besonders im Südabschnitt, die nur etliche Zehner von Metern vom Tunnelausbruch entfernt sind, geben jedoch einen sicheren Hinweis, daß es sich bei der Mehrzahl der im Tunnel angefahrenen grauen Quarzite um ein Äquivalent der Semmeringquarzite handelt.

Die mit den Semmeringquarziten oft vergesellschafteten phyllitischen Tonschiefer sind petrographisch fast immer scharf abtrennbar im Gegensatz zu den oberen grauen, phyllitischen Tonschiefern, die sich oft ohne scharfen Übergang aus Quarzsandsteinen und Quarziten entwickeln.

Was die Veränderungen durch die tektonische Beanspruchung betrifft und die sich daraus ergebenden Schwierigkeiten in der Abgrenzung, wurde das Entsprechende bereits im Zusammenhang mit den Gangquarzen gesagt.

Grauer Quarzit. Das Gestein wurde nur im Tunnel angetroffen. Wie die Verbindung mit den Aufschlüssen obertags zeigt, handelt es sich dabei um ein Äquivalent der Semmeringquarzite. Es gilt daher das dort bereits Gesagte. Grünliche Farbtöne treten mitunter auf, rötliche fehlen durchwegs.

Grauer Quarzsandstein. Das Gestein wurde bisher nur im Tunnel beobachtet. Die einzelnen Quarzkörner sind meist noch deutlich mit freiem Auge unterscheidbar, stellenweise tritt aber auch ein dichteres Gefüge auf, sodaß man genau so gut von Quarziten sprechen könnte. Um den Unterschied gegenüber den Semmeringquarziten deutlicher zu machen, wurden jedoch die beiden Bezeichnungen in dieser Verteilung gewählt. Bunte Anteile fehlen völlig. Die Schieferflatschen besitzen eine graue Farbe, manchmal mehr silbrig, manchmal mehr schwarzgraphitisch. Das Gestein ist meist grobbankig. Die Schieferflatschen sind fast immer mehr oder weniger unregelmäßig verteilt. Sie schmiegen sich in ihrem Verlauf weitgehend einzelnen Kornaggregaten an, ohne selbständige Flächen zu entwickeln. Ein geringer Pyritgehalt (unzersetzt!) ist meist schon makroskopisch zu erkennen.

Ältere und jüngere Zerbrechungen sind fast immer vorhanden.

Das Gestein zeigt häufig Übergänge zu grauen, phyllitischen Tonschiefern, sodaß mitunter eine Abgrenzung schwierig wird.

Die Einflußnahme der tektonischen Beanspruchung betreffend gilt das bereits bei den Gangquarzen Gesagte.

Eine Unterscheidung von grauen Partien der Semmeringquarzitgruppe ist bei isolierten Vorkommen nicht immer möglich.

Phyllitische Tonschiefer

Ganz allgemein kann zu dieser Gruppe gesagt werden, daß es sich um halbmetamorphe Gesteine handelt, bzw. auch um Gesteine, deren Metamorphosegrad streckenweise sehr verschieden ist. Sichere Anteile von tuffigem Material ließen sich nicht nachweisen.

Grauer, quarzitischer Schiefer. Das Gestein wurde nur im Tunnel angetroffen. Es handelt sich dabei um die wichtigste Übergangsform der grauen Quarzsandsteine in die grauen, phyllitischen Tonschiefer. Das fast dichte, etwas grünlichgraue Gestein zeigt im Querbruch eine schwache und unregelmäßige Blättrigkeit. Am Hauptbruch täuschen die Serizitflatschen eine stärkere Metamorphose vor.

Grauer, phyllitischer Tonschiefer. Die Gesteine wurden sowohl obertags als auch im Tunnel angetroffen. Es handelt sich um silbriggraue bis dunkelgraue, ziemlich dichte Gesteine, etwas unregelmäßig blättrig. Unter dem Einfluß der Verwitterung bleicht das Gestein leicht aus und gewinnt dann eine lichtgraue bis gelblichgraue Färbung. Wie schon mehrfach erwähnt, ergibt sich durch Erhöhung des Quarzgehaltes ein stetiger Übergang zu den grauen Quarziten, andrerseits macht sich aber auch ein gewisser Karbonatgehalt bemerkbar, der hinüberleitet zu den oft vergesellschafteten dunkelgrauen Kalken, auch Dolomiten. Eine innige Wechsellagerung ist im allgemeinen jedoch nur mit den grauen Quarzsandsteinen zu beobachten, während die Karbonate häufig überlagert werden. Eine Ausnahme machen graue, blättrige Schiefer, die feine Kalklagen aufweisen. Sie traten lediglich im Tunnel bei *km* 104·440 und bei der Bohrung 3 in einer Tiefe von 35 *m* auf. Allerdings kann es sich wohl auch um sekundären Kalzit handeln. Die Wechsellagerung mit den grauen Quarzsandsteinen ist so intensiv, daß man zweifellos bereits eine primäre alternierende Ablagerung annehmen muß. Auffallend sind die häufigen Lassen, die das Gestein durchziehen und mit einem pechschwarzen Überzug versehen sind, offenbar ausgepreßtes organisches Pigment. Häufig findet sich auf diesen Harnischflächen auch ein feiner metallischer Überzug, ausgewalzte Pyrite, die zwar mitunter bunte, metallische Farben zeigen, aber ansonsten durchaus unzersetzt sind. Auch hier zeigen die wenigen vorhandenen Quarzkörner u. d. M. ein strahliges Wachstum. Feldspatreste sind häufiger als in den Quarziten. Feinste Rutilnädelchen sind vertreten, daneben aber auch gröbere Turmalinsäulchen.

Das Gestein gewinnt bei entsprechender tektonischer Beanspruchung und nachfolgender Durchfeuchtung plastische Eigenschaften.

Dort, wo das Gestein nicht mit dunklen Karbonaten, meist Kalken, vergesellschaftet ist, macht seine Abtrennung von den phyllitischen Tonschiefern der Semmeringquarzitgruppe erhebliche Schwierigkeiten. Letztere werden im folgenden zur besseren Unterscheidbarkeit als graugrüne, phyllitische Tonschiefer bezeichnet, was aber nur einen sprachlichen Unterschied ausmacht. Im Tunnel ist sehr häufig eine Unterscheidung nicht möglich. Obertags natürlich geben die in einem Fall vergesellschafteten und dort leicht unterscheidbaren Semmeringquarzite eine sichere Handhabe. Um diesem Problem im Tunnel zu begegnen, wo ja eine intensive Durchmischung kleinster Schollen auf Schritt und Tritt vorhanden ist, wurde die ausweichende Bezeichnung „graue Serie" geschaffen und in ihr sämtliche grauen Schiefer und Quarzite zusammengefaßt. Dies umsomehr, als ja die technischen Eigenschaften der unteren und oberen Gruppe praktisch die gleichen sind. Die Unterscheidungsmöglichkeit nach der Vergesellschaftung brachte deshalb nicht viel Hilfe, als die im Tunnelbereich auftretenden tektonischen Einheiten gerade jeweils mit den kritischen Serien aufeinandergeschoben sind, mit der Folgeerscheinung einer zusätzlichen intensiven Vermischung.

Schwarzer Tonschiefer. Einen Sonderfall der eben beschriebenen Gesteinsgruppe stellen besonders stark graphitische, deutlich abfärbende, dunkelgraue bis schwarze Schiefer dar, die im Aufnahmsbereich nur im Tunnel angetroffen wurden. Der kohlige Glanz berechtigte zu der Vermutung, daß es sich um entsprechende Beimischungen handeln könnte, da sich jedoch nach freundlicherweise von Herrn Bergrat O. Hackl durchgeführten Untersuchungen keine abdestillierbare Substanz ergab, handelt es sich doch nur um graphitisches Pigment. Solche intensiv schwarzgefärbte Schiefer treten sowohl zusammen mit den grauen Quarzsandsteinen auf, die in diesem Fall ebenfalls ein sehr dunkles, mitunter eigenartig glasiges Aussehen gewinnen, als auch innerhalb der bunten Schiefer der „bunten Serie". Allerdings ist es zweifelhaft, ob sie an diese Stelle nicht nur durch tektonische Komplikationen gelangten. Letztere Überlegung gilt ja auch für die dort auftretenden grauen Schiefer.

Eine Verwechslungsmöglichkeit mit dem eben beschriebenen Gestein kommt dadurch zustande, daß bei entsprechender tektonischer Beanspruchung auch die normalen grauen phyllitischen Tonschiefer streckenweise eine Anreicherung ihres Farbpigmentes aufweisen, insbesondere in der Nähe der schon beschriebenen Lassen bzw. in intensiven Fältelungszonen. Hand in Hand mit dieser Erscheinung geht übrigens, daß dann die dort mitunter vorhandenen einzelnen kleineren Quarzittrümmer, wenn sie zerpreßt sind, eine strahlendweiße Farbe annehmen, während die sie umgebende Schieferhaut besonders dunkel gefärbt ist. Demnach findet offenbar eine Auspressung der färbenden Substanz aus den feinstzerriebenen Quarziten und deren Anreicherung in den umgebenden, undurchlässigen Schiefern statt.

Auch die schwarzen Schiefer neigen bei entsprechender tektonischer Beanspruchung und entsprechendem Wassergehalt zur Plastizität, nur gewinnt diese Eigenschaft hier weniger Bedeutung, da es sich ja immer nur um kleine Vorkommen handelt.

Graugrüner, phyllitischer Tonschiefer. Die Gesteine wurden sowohl im Tunnel als auch obertags angetroffen. Sie sind immer mit Semmeringquarziten vergesellschaftet, weisen aber kaum einmal Übergänge zu ihnen auf. Ihre Metamorphose erreicht für die Verhältnisse am Semmering oft ein bedeutendes Ausmaß. Sie sind dünnblättrig, oft findet sich eine etwas unregelmäßige Striemung auf den Schieferungsflächen. Wenn sich keine Unterscheidungsmöglichkeiten durch die Vergesellschaftung ergeben, ist ihre Abtrennung von den soeben beschriebenen grauen, phyllitischen Tonschiefern nicht immer möglich. Einen, allerdings sehr fraglichen Hinweis gibt das fast völlige Zurücktreten des Pyritgehaltes bzw. dessen starke Zersetzung, entsprechend dem Vorkommen im Semmeringquarzit.

Die durch tektonische Beanspruchung erworbenen plastischen Eigenschaften entsprechen den bereits geschilderten.

Roter, phyllitischer Tonschiefer. Das Gestein wurde sowohl im Tunnel als auch obertags angetroffen. Seine Farbe schwankt von rosa, orange, rot, braun bis zu violett. Insbesondere in Typen mit letzterer Farbe läßt sich neben einem entsprechenden Eisengehalt ein deutlicher Mangangehalt chemisch nachweisen, der zweifellos auf die Färbung einen maßgeblichen Einfluß ausübt. In unversehrtem Zustand erscheinen die Schiefer fast massig, blättern jedoch schon bei einer geringen tektonischen Beanspruchung auf. Besonders in ausgetrocknetem Zustande zeigen sich Übergänge zu silbrigen, phyllitischen Tonschiefern, während der Serizitgehalt bruchfeucht nur schwer feststellbar ist.

Die Schiefer sind immer vergesellschaftet mit den bunten Dolomiten und bilden mit ihnen zusammen die „bunte Serie". Gerade in der Vergesellschaftung mit den Dolomiten zeigt sich die merkwürdige Erscheinung, daß an den Grenzflächen ein Farbumschlag in Grün eintritt. Bei größeren eingeschlossenen Partien bilden sich also grüne „Salbänder" heraus, kleinere Partien sind meist vollkommen grün. Diese Erscheinung hängt zweifellos mit der Wasserwegsamkeit des angrenzenden, immer mehr oder weniger zerklüfteten Dolomites zusammen, der dadurch ein reduzierendes Medium schafft und damit den Farbumschlag der hochoxydierten roten Eisenverbindungen zu niederoxydierten grünen ermöglicht. Ob daneben auch primär grüne Schiefer vorhanden sind, ist natürlich schwer zu entscheiden, aber im allgemeinen wird man doch bei der primären Ablagerung einen so raschen durchgreifenden Wechsel in den Ablagerungsverhältnissen nicht annehmen können, wie sie der Unterschied von oxydierendem und reduzierendem Medium verlangt.

Entsprechend ihrer weiten Verbreitung haben die durch tektonische Einflüsse erworbenen plastischen Eigenschaften eine besondere Bedeutung.

Grüner, phyllitischer Schiefer. Für die allgemeine Beschreibung gilt das bei den roten Schiefern Gesagte, mit denen vergesellschafteter er ja fast immer auftritt. Bei isoliertem Auftreten ergeben sich natürlich manche Konvergenzen zu den graugrünen Schiefern, vor allem auch, weil die phyllitischen Eigenschaften, die bei den roten Schiefern mehr verdeckt sind, hier stärker hervortreten.

Dolomite

Grauer, kataklastischer Dolomit (Semmeringdolomit). Das Gestein ist insbesondere obertags weit verbreitet. Seine Farbe schwankt von dunkelgrau, lichtgrau bis zu graubraun. Es ist fast immer sehr fein kristallin ausgebildet und wird von weißen Kalkspatadern (bis zu 5 mm dick) durchzogen, die die alten kataklastischen Erscheinungen augenfällig unterstreichen. Diese haben das Gestein über weite Strecken zu mehr oder weniger losem Grus zerpreßt. Darüber hinaus tritt stellenweise eine neuerliche Zerpressung, und zwar bis zu Staubsand, auf (Dolomitasche). Mitunter finden sich etwas kieselige Partien. Im allgemeinen ist auch immer ein merklicher Tonanteil vorhanden, der Gesamtrückstand nach Lösung in Salzsäure betrug in manchen Fällen bis zu einem Fünftel der Ausgangssubstanz.

Häufig ist ein allmählicher, unmerklicher Übergang zu Kalken vorhanden, die sich dann ohne Hilfsmittel kaum unterscheiden lassen (Semmeringkalke).

Die bräunlichen Partien dieser Gesteinsgruppe sind mitunter etwas mehr bankig entwickelt, die Zerbrechungserscheinungen sind bei ihnen etwas verschwommener, eine gesonderte Ausscheidung scheint aber dennoch nicht berechtigt. Diese Ausbildungsform tritt oft bei kleineren, isolierten Vorkommen auf.

Bunter Dolomit. Das Gestein tritt sowohl im Tunnel als auch obertags auf. Es ist meist gelblich gefärbt, mit Variationen bis zu weiß und braun. Einzelne Partien finden sich mit rosa, orange und violetter Färbung, und zwar insbesondere in unmittelbarer Umgebung entsprechend gefärbter Schiefer. Auch in diesen Fällen ließ sich ein deutlicher Mangangehalt chemisch nachweisen. Mitunter ergibt sich ein direkter Übergang von den Schiefern zu den Dolomiten, die dann anfänglich ausgesprochen lagig, meist unregelmäßig gewellt, entwickelt sind. Häufig sind in diesen Partien auch polierte Rutschflächen, die quer durch die Fältelungen durchschneiden, ein Anzeichen für jüngste Bewegungen. Ihr Belag ist fast immer rosa oder violett gefärbt.

Die Hauptmasse dieser Dolomitgruppe wird jedoch von den gelben, zuckerkörnigen Dolomiten („Marzipandolomiten") gestellt, während die eben geschilderten Gesteine nur kleine Partien, oft nur Flecken in der Hauptmasse bilden. Sehr selten finden sich etwas grünliche Stellen, offenbar von eingeschlossenen Schieferflatschen beeinflußt. Das Gestein ist fast immer bankig entwickelt, häufig dünnbankig. Stellenweise ist es stark verkieselt. Die intensive Vergesellschaftung mit den bunten Schiefern wurde bereits wiederholt betont, zweifellos handelt es sich schon um eine primäre Wechsellagerung.

Neben normalen Zerbrechungserscheinungen neigen diese Gesteine besonders zu tektonischen Zerpressungen, die häufig bis zur Bildung von Staubsand führen. Daneben treten sie häufig auch in Form tektonischer Gerölle innerhalb der zerdrückten Schiefer auf, in diesem Fall meist mehr oder weniger gut erhalten, jedoch elliptisch gerundet und mit einer zerkratzten Schieferhaut (völlig analog den glazialen gekritzten Geschieben).

Dunkler, graublauer Dolomit. Das Gestein beschränkt sich auf einige minimale Vorkommen in unmittelbarer Nachbarschaft der dunkelgrauen Kalke bzw. der grauen phyllitischen Tonschiefer, zu welch beiden Gesteinsgruppen kontinuierliche Übergänge bestehen. Die Abtrennung ist immer problematisch.

Dunkelgraue Dolomitbreccie. Einziges Vorkommen am Nordwesthang des Hirschkogels.

Es handelt sich um etliche Zentimeter große, eckige Brocken eines fast dichten, dunkelgrauen Dolomites mit weißen Kalkspatadern in einer groben, etwas lichter grauen, dolomitischen Grundmasse. Die Grundmasse ist bei weitem vorherrschend.

Kalke

Grauer Kalk (Semmeringkalk). Im unmittelbaren Tunnelbereich sind die Gesteine verhältnismäßig selten. Sie gehen, wie schon erwähnt, unmerklich aus den Semmeringdolomiten hervor, ohne daß sich eine stratigraphische Horizontierung durchführen ließe. Ohne Hilfsmittel sind sie meist nicht von den Dolomiten zu unterscheiden, einen Anhaltspunkt geben die geringeren kataklastischen Erscheinungen.

Dunkelgrauer Kalk. Nur im Tunnel angefahren. Bildet seltene und schmächtige Einlagerungen im Semmeringdolomit, läßt sich aber infolge der dunkleren Farbe und bankigen Ausbildung ohne Schwierigkeit abtrennen.

Lichtgrauer, bänderiger Kalk. Nur obertags beobachtet. Tritt zusammen mit den graublauen Kalken am Ostabhang des Kärntner Kogels auf, in einem einzigen geringmächtigen Vorkommen. Er ist gebankt und weist abwechselnde dicke, lichtgraue und dünne, dunkelgraue Bänder auf.

Graublauer Kalk. Auftreten sowohl obertags als auch im Tunnel. Durch die Farbe sowie die Bankigkeit unterscheidet er sich ohne Schwierigkeiten von den Semmeringkalken, dazu kommt natürlich die ganz andere Position. Wechselt häufig mit sandigen und tonigen Lagen, geht auch selbst häufig in Tonschiefer über. Daneben treten auch dolomitische Partien auf. Im allgemeinen sehr feinkörnig ausgebildet.

Rauhwacken

Die Farbe schwankt um gelbbraun. Häufig ist der zellige Aufbau durch eine tektonische Zusammenpressung bereits verlorengegangen, und es finden sich dann sandsteinartige Partien, mehr oder weniger lose. Limonitische Ausscheidungen, insbesondere in den Zellen, sind häufig. Stellenweise finden sich größere Einlagerungen von gelben gebankten Dolomitzügen. In diesen Fällen taucht wiederholt die Frage auf, ob es sich nicht um Reste der „bunten Serie" handeln könnte, so insbesondere am Pinkenkogel, wo eine solche Rauhwackepartie von graublauen Kalken überlagert wird. Diese Erscheinung unterstreicht die Tatsache, daß es sich bei den Rauhwacken des Aufnahmsbereiches um tektonische Gebilde handelt, die nicht ohne weiteres insgesamt einem stratigraphischen Horizont zugezählt werden können.

Der fast immer in erheblichen Mengen vorhandene Kalkgehalt verdankt seine Anwesenheit zweifellos zum großen Teil sekundären Ausfällungen, erreicht aber mitunter eine solche Höhe, daß man schon von Kalkrauhwacken sprechen muß, und dann dürften doch auch primäre Kalkanteile eine Rolle spielen.

An Fremdkörpern finden sich mehr oder weniger gerundete Bröckchen von Semmeringdolomit, auch lichtgelbem Dolomit, Quarzkörner, graue Phyllit- bzw. Schieferflatschen und dann noch stark verwitterte Bröckchen, bei denen es sich möglicherweise um Kristallinreste handeln könnte.

Ultramylonite

Die jüngsten tektonischen Vorgänge am Semmeringpaß haben auf eine Reihe von Gesteinen einen so nachhaltigen Einfluß ausgeübt, daß es berechtigt erscheint, diese so beeinflußten Gesteine in einer gemeinsamen Gruppe zu besprechen. Vorausgeschickt sei, daß es sich dabei um die gleichen Gesteine handelt, wie sie weiter oben beschrieben worden sind, und nur ihre tektonische Beanspruchung sie aus dem Rahmen heraushebt.

Ein ganz allgemeines Unterscheidungsmerkmal dieser jüngsten Beanspruchung ist, daß die durch sie bewirkten Zerbrechungen niemals wieder verheilt sind. Lediglich seltene Verkrustungen durch Kalkspat sind mitunter zu beobachten, aber ohne Schwierigkeiten von den verheilten älteren Kluftsystemen zu unterscheiden. Nur sind nicht alle dieser älteren Zerbrechungen verheilt, so daß man mitunter ein weiteres Unterscheidungsmittel heranziehen muß, und dieses ergibt sich ohne Schwierigkeiten durch die Intensität der Beanspruchung. Während die älteren Kataklasen z. B. den Semmeringdolomit bis zu Grus zerlegt haben, zerlegten ihn die jüngeren tektonischen Beanspruchungen bis zu Staubsand, waren also wesentlich intensiver.

Entsprechend der allgemeinen Gliederung der Gesteine lassen sich auch die Ultramylonite gliedern in quarzitische, karbonatische und tonig-phyllitische. Daß die feineren Unterschiede innerhalb der einzelnen Gruppen bei einer so intensiven Beanspruchung verlorengehen, ist dabei selbstverständlich.

Die quarzitischen Ultramylonite

Die jeweilige Herkunft läßt sich kaum mehr feststellen. In den meisten Fällen haben sie eine rein weiße Farbe angenommen. Um einen Einblick in die Korngrößenverteilung zu geben, sei eine Schlämmanalyse (*km* 104·668) als Beispiel angeführt, wobei eines der extremsten Glieder ausgewählt wurde; naturgemäß ergeben sich mannigfache Stufen der Beanspruchung. Sämtliche Schlämmanalysen wurden nach der Methode von Atterberg durchgeführt.

Korndurchmesser in *mm*	Gewichtsanteile in %
>1	0·08
1 —0·5	0·09
0·5 —0·2	0·16
0·2 —0·1	10·45
0·1 —0·02	79·01
0·02—0·002	9·23
<0·002	0·98
	100·00

Bei der Art der Entstehung sind selbstverständlich sämtliche Fraktionen scharfkantig ausgebildet.

Daß die Schiefer in unmittelbarer Umgebung der quarzitischen Ultramylonite eine besonders dunkle Farbe besitzen, wurde bereits erwähnt. Mit der intensiven Zerpressung geht also eine Auspressung des Pigmentes Hand in Hand. Intensive Verfältelungen mit solchen dunklen Schieferzügen sind häufig.

Dort, wo die Bewegung noch kein so intensives Ausmaß erreicht hat, macht sich häufig die Erscheinung bemerkbar, daß trotz der Zerpressung der Verband unversehrt erhalten ist und sich der Zerlegungsgrad erst beim Bearbeiten zeigt.

Die karbonatischen Ultramylonite

Trotz der intensiven Beanspruchung lassen sich doch die bunten Dolomite von den Semmeringdolomiten meist noch unterscheiden. Während die ersteren häufig eine weiße Farbe annehmen und dann nicht leicht von entsprechenden Quarziten zu unterscheiden sind, behalten die Semmeringdolomite doch eine mehr graue Farbe bei. Die Schlämmanalyse eines der extremeren Glieder (*km* 104·850) gibt folgendes Bild:

Korndurchmesser in *mm*	Gewichtsanteile in %
>1	0·13
1 —0·5	0·04
0·5 —0·2	0·21
0·2 —0·1	11·03
0·1 —0·02	75·27
0·02—0·002	12·64
<0·002	0·68
	100·00

Daß bei einer so intensiven Zerkleinerung die Unterscheidung zwischen Dolomit und Kalk nicht einfach ist, ist ohne weiteres verständlich, vor allem, wenn man auch an den Einfluß des zweifellos praktisch überallhin eingedrungenen sekundären Kalzites denkt. Bei dem Mengenverhältnis zwischen erhaltenen Kalken und Dolomiten im Semmeringbereich wird man jedoch zweifellos nicht fehlgehen, für die weitaus überwiegende Menge der karbonatischen Ultramylonite ein dolomitisches Ausgangsmaterial anzunehmen, auch wenn sich dies bei isolierten kleineren Vorkommen nicht eindeutig nachweisen läßt. Verfaltungen mit Schiefern sind wie bei den Quarziten häufig, überhaupt gilt das dort allgemein Gesagte auch hier.

Die tonig-phyllitischen Ultramylonite

Sie machen mengenmäßig den weitaus größten Anteil der ganzen Gruppe aus. Als ihr Ausgangsmaterial sind sämtliche phyllitische Tonschiefer des Gebietes zu betrachten, wenn man auch den Schiefern der „bunten Serie" den Hauptanteil zubilligen muß. Ihre Farben bewegen sich meist um ein weißliches Graugrün, oft auch Silbriggrau, rötliche Partien sind selten. Die sukzessive Entstehung aus unversehrten Schiefern ist im Tunnel einwandfrei zu beobachten. Obertags ist gerade diese Gesteinsgruppe natürlich kaum anzutreffen, da sie ja eine leichte Beute der Abtragung wird. Eine Schlämmung erlaubt bei diesen tonigen Gesteinen keine Schlüsse.

In trockenem Zustande lassen sie sich ohne Schwierigkeiten zwischen den Fingern zerreiben und fühlen sich dabei talkig-fettig an. Sie färben intensiv und leicht ab. In feuchtem Zustande sind sie schwach plastisch.

Eine im Erdbaulaboratorium der Technischen Hochschule Wien (unter der Leitung von Prof. Dr. O. Fröhlich) durchgeführte Untersuchung (Würfelprobe) ergab eine Kohäsion von 0·70 bzw. 0·80 kg/cm^2 und einen Winkel der inneren Reibung von 8°30'.

Daß eine so intensive tektonische Beanspruchung auch zu Mineralumwandlungen geführt hat, insbesondere innerhalb der Gruppe der glimmerähnlichen Tonminerale, ist durchaus anzunehmen. Die üblichen optischen Methoden geben hier jedoch keinen Einblick. Eine röntgenographische Untersuchung, die im Rahmen einer allgemeinen genaueren Untersuchung der Ultramylonite des Semmeringgebietes, vor allem auch in Hinsicht auf ihre industriellen Verwendungsmöglichkeiten, derzeit vom Verfasser durchgeführt wird, dürfte auch in dieser Richtung einige Klärung bringen. Die neueste Arbeit über die „Weißerde" von Aspang — ein durchaus ähnliches Material — von P. Wieden und G. Hamilton ergab mit Hilfe mineral-optischer, chemischer, differentialthermischer und röntgenographischer Methoden, daß es sich dabei um ein „vornehmlich aus Sericit und feinstem Quarz zusammengesetztes Produkt" handelt, um „reine Muskovitschiefer", „Leuchtenbergit konnte in keinem Falle nachgewiesen werden."

Barytvorkommen

Baryt ist im Aufnahmsbereich nur an einer einzigen Stelle bekannt (übrigens auch schon beschürft [1]). Das Vorkommen befindet sich am Westriegel des Hirschkogels (der an die Vereinigungsstelle von Semmeringgraben und Dürrgraben führt), und zwar in einer Höhe von zirka 1160 m. Vom Semmeringpaß her führt zu dem Vorkommen quer über den Hang ein neu instandgesetzter Fahrweg, der bei den Röschen endet. Die Baryte sind von lichtgrauer bis graubrauner Farbe, demnach nicht sehr rein und liegen im Semmeringquarzit. Sie finden sich in unmittelbarer Nähe der Überschiebungsgrenze unserer tektonischen Einheit 2 über 1. Die obersten Horizonte der tieferen Einheit bestehen hier aus gelben Dolomiten, einer dunkelgrauen Dolomitbreccie und grauem Crinoidenkalk mit Quarzgeröllen. Unter diesem verhältnismäßig schmächtigen Zug kommt der mächtige Semmeringdolomit. Die obere Einheit weist in diesem Bereich nur Semmeringquarzit auf. Die Mächtigkeit der stark gestörten Lager erreicht maximal einige Dezimeter, variiert aber sehr stark. Es wäre möglich, daß die Position in der Überschiebungszone gewisse Rückschlüsse auf die Genetik des Barytes zuließe.

Technische Eigenschaften der Gesteine

Die technischen Eigenschaften der Gesteine hängen in diesem so intensiv tektonisch beanspruchten Gebiet weit mehr von dem jeweiligen Zerstörungsgrad ab als von der petro-

---

[1] Das Vorkommen wurde von Prof. Dr. H. Mohr in einem Vortrag vor der Geologischen Gesellschaft Wien (am 11. Jänner 1952) beschrieben. Eine ausführliche Bearbeitung seinerseits ist in Vorbereitung.

graphischen Beschaffenheit. Im einzelnen ist das jeweilige Verhalten aus der Beschreibung der Aufnahmen im Tunnel ersichtlich bzw. aus den Kapiteln „Tektonik" und „Gebirgsdruck".

Über die Standfestigkeit der einzelnen Serien läßt sich ganz allgemein sagen, daß man von einer solchen in bezug auf den Tunnelbau überhaupt nur bei den heileren Partien in den Semmeringdolomiten und Rauhwacken des Südabschnittes sprechen kann. Die mylonitischen Schiefer drangen ja unaufhörlich in den Stollen, zeigten allerdings keine Nachbrüchigkeit, abgesehen mitunter von dünnen Schalenbildungen parallel zu Ulmen und Firste. Vom Nordabschnitt ist lediglich zu berichten, daß dort sämtliche Gesteine, sowohl der „grauen Serie" als auch der „bunten Serie" sehr wenig Standfestigkeit zeigten, das ganze Gebirge ist dort ja, abgesehen von einigen kleinen Bereichen, eigentlich als eine einzige tektonische Riesenbreccie zu bezeichnen.

Zum Lösungsvermögen ist zu bemerken, daß schwere Sprengarbeit nur ausnahmsweise in den mächtigeren grauen Quarzitzügen nötig war (z. B. bei km 104·000—104·100), ansonsten genügte ein Lösen von Hand, meist mit Preßluftwerkzeugen. Sprengungen wurden nur zur Beschleunigung des Ausbruches vorgenommen. Angaben über die Vortriebsleistungen finden sich im Kapitel „Baugeschichte".

Bei den Bohrungen ergaben sich keinerlei Besonderheiten, der Wechsel von harten und weichen Gesteinslinsen machte sich häufig unangenehm bemerkbar. Der minimale Bohrfortschritt (in längeren Quarzitstrecken) betrug 8—10 cm/min.

Angaben über die Wasserführung finden sich in einem eigenen Kapitel.

Prognosen

Während auf Grund der Aufschlüsse obertags, der beiden vorhandenen (keineswegs übereinstimmenden) Längsprofile des alten Tunnels, der neuen (häufig mehrdeutigen) Sondierungsbohrungen und der geophysikalischen Untersuchungen von den beteiligten Geologen nur ganz allgemeine Aussagen über die zu durchörternden Gesteinsschichten gemacht werden konnten, und während des Vortriebes der Sohlstollen anfänglich über eine lange Strecke selbst die nächsten Meter unsicher waren, gelang es Anfang November 1950 (nördlicher Sohlstollen ungefähr bei km 104·230, südlicher Sohlstollen ungefähr bei km 104·650) bald nach Aufnahme der regelmäßigen Begehungen, für den Rest der zu durchörternden Strecke eine Prognose auszuarbeiten, die sich dann auch als durchaus zutreffend erwies. Es war dies möglich, nachdem die prinzipielle Trennung der beim Tunnelbau hauptsächlich angefahrenen Gesteinsschichten in zwei Serien („bunte Serie" und „graue Serie") erkannt war. Die abwechselnde Folge dieser beiden Serien ließ einen gewissen Rhythmus erkennen, von dem zu erwarten war, daß er sich auch in der noch zu durchörternden Strecke fortsetzen würde. Der zweite Anhaltspunkt war die Erfassung der Lagerungsverhältnisse. Wie schon aus dem Detaillängsprofil deutlich zu ersehen ist, kommt man dabei jedoch mit normalen Lagemessungen der einzelnen Schichten nicht aus, da man ja von vornherein schon kaum einmal eine wirkliche Schicht- bzw. (primäre) Schieferungsfläche vor sich hat, sondern meist intensiv verknetete isolierte Schollen. Es war daher notwendig, statistische Methoden anzuwenden, indem möglichst viele Messungen von Schichtgrenzen und Bankungen durchgeführt und verwertet wurden. Es stellte sich nach einer anfänglichen Geduldprobe bald heraus, daß gewisse Richtungen immer wiederkehrten bzw. sich zu gewissen Bewegungsbildern zusammenfügten. Aus der übersichtlichen Darstellung des Gesamtlängsprofils gehen diese Lagerungsverhältnisse klar hervor. In beiden Tunnelabschnitten, Nord und Süd, fallen die Schichten im allgemeinen zur Tunnelmitte ein. Es ergab sich damit zwangsläufig ein synklinaler Bau, zumindest des zentralen Abschnittes. Kompliziert wurden die Verhältnisse allerdings dadurch, daß die Muldenachse nicht mit der Tunnelachse parallel verläuft und dadurch erst immer eine Entzerrung notwendig war, eine an und für sich natürlich einfache geometrische Angelegenheit, aber dann, wenn man vor den einzelnen Aufschlüssen steht, doch nicht immer so leicht vorstellbar. Jedenfalls war es möglich, mit Hilfe der beiden oben angegebenen Kriterien eine Prognose auszuarbeiten, die dann gegenüber den wirklich angetroffenen Schichten lediglich kleine Unterschiede in der Mächtigkeit einzelner Serien aufwies [1]). Mit dem Erkennen der Schichtfolge und der Lagerung war es auch möglich, technische Voraussagen zu machen, so über den tektonischen Zustand der Gesteine und ihre Wasserführung. Auch hier bestätigte die Wirklichkeit die Annahmen. Besonders die Wasserführung verhielt sich „programmgemäß", denn die im Muldenkern nach der Prognose geforderte Wasseransammlung zeigte sich eindeutig beim Vortrieb des nördlichen Sohlstollens, der zuerst in den Muldenkern eindrang und damit eine Abflußmöglichkeit schuf, während der nachkommende südliche Sohlstollen verhältnismäßig unbehelligt blieb.

Es hat sich somit wieder erwiesen, daß selbst in schwierigstem Gebiet, wo alle anderen Methoden, geophysikalische, und selbst Bohrungen im Stiche lassen, eine gewissenhafte geologische Untersuchung brauchbare Resultate liefert.

Geologische Aufnahmen im neuen Tunnel

Die Darstellung der geologischen Aufnahmen im Tunnel erfolgt in einem Längsprofil (Aufriß, Blick von NW auf den SE-Ulm, Vollausbruch, die Kalottenwölbung ist nach den Aufschlüssen der Tunnelmitte ergänzt), in einem Sohlenriß (Grundriß, Vollausbruch), in Querprofilen (alle 10 m, jeweils Bahnmeter ..5, ..15, ..25 usw., Blick von NE nach SW, Vollausbruch), jeweils im Maßstab 1 : 250, allfällige ergänzende Darstellungen im Maßstab 1 : 100. Sämtliche Zeichnungen sind einheitlich nach der Lage des Sohlenrisses orientiert.

Da die Tunneltrasse anschließend an die beiden Portale gekrümmt verläuft, wird jeweils der mittlere Richtungssinn des betreffenden Abschnittes angegeben.

Die Kilometrierung bezieht sich auf die Tunnelachse, ist also für das Längsprofil gegebenenfalls entsprechend zu korrigieren und richtet sich nach den Bahnkilometern der Südbahnstrecke der Österreichischen Bundesbahnen. Dies erfolgt nicht nur, um eine Übereinstimmung mit den Plänen der Österreichischen Bundesbahnen zu erzielen, sondern auch, weil die Kilometrierungen der Sohlstollen, des Vollausbruches und des fertigen Tunnels nicht übereinstimmen, zum Teil auch während des Baues geändert wurden (siehe Abschnitt „Technische Angaben" und „Baugeschichte").

Die beidseitige Steigung von 4 $^0/_{00}$ bis zum Scheitelpunkt des Tunnels ist im Detaillängsprofil nicht berücksichtigt, sie beträgt insgesamt 3 m.

Richtung und Winkel des Einfallens der Gesteinsschichten sind im Sohlenriß eingetragen und beziehen sich, wenn nicht anders angegeben, auf die Schichten der Sohle.

Störungen werden jeweils gesondert (strichliert) ausgeschieden, es ist jedoch nicht möglich, die Vielzahl aller kleinen Störungen in ihrer Gesamtheit zeichnerisch zu erfassen.

Allfällige besondere Bezeichnungen werden nicht immer in den verschiedenen Darstellungen gesondert eingetragen, sondern gelten für alle Darstellungen.

Da eine stratigraphische Zuordnung jeder einzelnen Schicht in manchen Fällen nicht ohne Willkür möglich ist, wurde bei den jüngeren und älteren grauen Schiefern und grauen Quarziten („graue Serie") auf verschiedene Signaturen jeweils verzichtet und lediglich die besonderen Eigenschaften, falls vorhanden, zusätzlich eingetragen.

Der tektonische Zustand der Gesteine ist ebenfalls nur durch entsprechende Bezeichnungen und nicht durch eigene Signaturen kenntlich gemacht. Damit konnte auch eine feinere Abstufung erzielt werden.

Im allgemeinen bilden die Angaben im folgenden Abschnitt lediglich eine Ergänzung zu den zeichnerischen Darstellungen. Die Ausbildung der Gesteine, vor allem aber ihre technische Beschaffenheit, ist jedoch so unterschiedlich, ihr Wechsel streckenweise so rasch,

---

[1]) Ein Vergleich zwischen Prognose und tatsächlichen Schichten ist beigegeben, Fig. 20.

daß selbst eine Darstellung im Maßstab 1 : 250 für sich allein nicht mehr allen Erscheinungen gerecht werden kann (siehe Detailprofile 1 : 100). Auch ist unter diesen Umständen bei der zeichnerischen Darstellung eine gewisse Subjektivität nicht zu vermeiden, die durch den Text ausgeglichen werden soll.

Die Beschreibung führt durchlaufend vom NE- zum SW-Portal.

Für die Darstellung der geologischen Verhältnisse im Tunnel wurden folgende Unterlagen verwendet: für das Baulos Nord ein schematisches Längsprofil des Sohlstollens und des Firstschlitzes, diverse Querprofile des Sohlstollens, Firstschlitzes, Kalottenausbruches und der Widerlager, aufgenommen von der Bauleitung der Österreichischen Bundesbahnen (Ing. J. Aigner); für das Baulos Süd ein schematisches Längsprofil des Vollausbruches und fortlaufende Querprofile des Vollausbruches, aufgenommen von der Bauleitung der Österreichischen Bundesbahnen (Ing. F. Daum und Ing. W. Rieß); für den gesamten Tunnel photographische Aufnahmen der Bauleitung der Österreichischen Bundesbahnen (Oberbaurat Dipl.-Ing. R. Ziermann), Aufzeichnungen von Prof. Dr. H. Mohr (besonders für die ersten Bauabschnitte), eigene Aufzeichnungen, Gesteinsproben der Bauleitung, Gesteinsproben von Prof. Dr. H. Mohr und eigene Aufsammlungen.

Eine übersichtliche Darstellung der Aufschlüsse im Tunnel erfolgt in einem Längsschnitt im Maßstab 1 : 2.500, gemeinsam mit der Darstellung der Bohrungen und der entsprechenden Aufnahmen obertags.

Die Anschüttung unmittelbar am Mundloch des Sohlstollens rührt zweifellos von den Bauarbeiten am ersten Semmeringtunnel her. Holz- und Ziegelreste lassen keinen Zweifel über ihre künstliche Entstehung. Die Aufschlüsse im Schacht zeigen ihre unmittelbare Nachbarschaft zum Mauerwerk des alten Tunnels. *km* 103.535— 103.600

Der im allgemeinen darunter befindliche Hangschutt zeigt kantige Brocken (in den Aufschlüssen bis 40 *cm* Durchmesser) von weißem Quarzit, dunkelgrauem Kalk und grauem Dolomit in einer Lehmpackung. Graue phyllitische Tonschiefer, die in der Anschüttung häufig sind, fehlen fast völlig. Eine scharfe Grenze zu der Anschüttung ist nicht vorhanden. Beimengungen durch ältere Straßenarbeiten sind in den höheren Partien wahrscheinlich. Daß Abgrabungen stattgefunden haben, darauf deutet, daß die beiden im Schacht aufgeschlossenen Dolomitbänke (normaler Semmeringdolomit) unmittelbar von der Anschüttung überlagert werden.

Für Diluvial- oder Tertiärreste finden sich keine Anzeichen.

Die ersten anstehenden Gesteine, graue, schwach phyllitische Tonschiefer, weisen deutliche Verwitterungserscheinungen auf, was sich schon in der häufig zu braun hinüberspielenden Farbe, meist auch in einer Bleichung zeigt. Dazu kommen zahlreiche kleine Ruschelzonen, unregelmäßig angeordnet. Die Schiefer sind allgemein stark zerbrochen und lassen sich leicht lösen. In den häufigen, meist flachliegenden Lassen sind die Tonschiefer zu schwarzem Gangletten verschmiert. Die Gangquarze sind fast immer völlig zerdrückt und auseinandergerissen.

Eine mächtigere und einheitliche Störungszone zeigt einen Richtungssinn, wie er im Tunnel wiederholt auftritt (die „Querklüfte"). Es handelt sich hier daher nicht etwa nur um eine Folge von Hangbewegungen. Entlang der Störung haben beträchtliche Verstellungen stattgefunden, wie die abnormale Schichtlagerung SW von ihr zeigt (in dieser Form häufig im Gefolge der Querklüfte). Entlang der Störungszone ist die Verwitterung eingedrungen, die Tonschiefer sind braun, mürb und merklich wasserführend.

Festere Gesteinslagen treten erst mit den Quarzitlagen auf (grauer, grober, sandsteinartiger Quarzit). Ein mächtigerer Zug davon weist Bänke zwischen 20 und 30 *cm* Dicke auf. Nahe der Sohle ist er zertrümmert und zerdrückt. Diese Erscheinung geht Hand in Hand mit einer Abbiegung. Der Einfallswinkel nimmt mit der Abweichung zu. Die Farbe des zerdrückten Quarzites ist weiß. Nahe des NE-Ulmes bei *km* 103·585 finden sich in dem zerdrückten Quarzit weiße Krusten. Die chemische Untersuchung ergab, daß es sich nicht etwa um Gips, sondern um durch Kalzit verklebten Quarzstaub handelt.

Hinter dem Quarzitzug gewinnen die grauen, phyllitischen Tonschiefer bedeutend an Festigkeit und erreichen ein fast kompaktes Aussehen, weisen jedoch noch immer vereinzelte schmächtige Quarzitlagen auf.

Bei den in der Firste auftretenden gelben Dolomiten und bunten Schiefern handelt es sich um die Gesteine der normalen „Bunten Serie".

km 103·600— 103·700

Die grauen, ziemlich festen, ebenbrechenden phyllitischen Tonschiefer zu Beginn der Strecke werden von flachliegenden Schmierlassen durchzogen. Stellenweise fühlen sie sich talkig an und zeigen damit, daß Gleitungen in ihnen stattgefunden haben. In diesen Partien wird ihre Farbe auch deutlich lichter. Die Gesamtlagerung ist schwebend.

Die einzelnen Quarziteinlagerungen haben lichtgraue, kleinere Partien grauer Färbung. Sie sind, bis auf einen Teil der Einlagerung bei *km* 103·623, der massig und gut erhalten ist, stark zerpreßt.

Bei dem Dolomitband von *km* 103·613—103·626 handelt es sich um den normalen Semmeringdolomit.

Die bunten Schiefer des Kalottenbereiches weisen vorherrschend grüne Farben auf, daneben aber auch rote und schwarze. Sie sind intensiv gefältelt, stellenweise auch zerdrückt und ziehen häufig in dünnen Lassen in den „Marzipandolomit" hinein.

Die Zerrüttungszone bei *km* 103·630 steigt langsam gegen S an und verliert sich in der Kalotte. Es zeigt sich auch hier, daß die Störungen in dem allgemein so stark zerbrochenen Gebirge nur selten auf größere Erstreckung exakt verfolgbar sind. Die Schiefer sind in der Störungszone wieder deutlich lichter. Ihr Zerbrechungsgrad äußert sich auch in der Wasserführung.

Die folgenden Schiefer sind dunkelgrau bis schwarz, stark verruschelt und verdienen fast schon die Bezeichnung Schieferton. Die eingeschlossenen, strahlendweißen Quarzitlinsen sind meist zu Staub zerdrückt, es treten jedoch auch feste tektonische Gerölle bis Kopfgröße auf, mit einer zerkratzten Schieferhaut.

Der anschließende lichtgraue, stellenweise fast weiße serizitische Quarzitschiefer weist kompakte, fußdicke Bänke auf. Er unterlagert sichtlich die „Bunte Serie". Die vorher diese Rolle innehabenden grauen Tonschiefer sind zu ganz dünnen Bändchen ausgepreßt. Bei den Störungen gegen Ende des Abschnittes handelt es sich um die schon erwähnten Querstörungen mit den dazugehörigen Verstellungen.

km 103·700— 103·800

In den grauen, phyllitischen Tonschiefern zu Beginn der Strecke zeigt sich ein gewisser Pyritgehalt auf den vielen kleinen Harnischflächen, und zwar als feinverschmierter, noch nicht verrosteter Überzug. Im Gestein selbst sind ganz vereinzelt und erst bei starker Vergrößerung u. d. M. Pyritkörnchen zu bemerken. Praktische Bedeutung besitzen sie noch keineswegs.

Dort, wo die Schiefer stärker verfältelt sind, findet sich fast immer eine dunklere Färbung, es tritt eine Anreicherung des Pigmentes ein.

Bei *km* 103·715 beginnt ein schmächtiger Zug der „Bunten Serie", vorerst noch lamelliert, dann sogar völlig verschmolzen mit den grauen Quarziten und grauen, pyhllitischen Tonschiefern und nicht mehr abtrennbar. Der Komplex tendiert dann in seiner Gesamtheit zu grünlichen Farben und fühlt sich meist etwas fettig-talkig an. Einzelne Brocken von grünem serizitischem Schiefer weisen eine schwache Striemung auf, eine Richtungsmessung ist jedoch angesichts der Zerbrechung in kleine, verschieden orientierte Schollen zwecklos. Ab *km* 103·789 gewinnt die „Bunte Serie" größere Mächtigkeit. Im allgemeinen schließen zwei Dolomitbänke die bunten Schiefer ein, aber es gibt auch die verschiedensten Verzahnungen, Einlagerungen, Lassen usw., zum Teil beteiligen sich auch graue Tonschiefer. Unterschiede in den beiden Dolomitbänken sind nicht feststellbar. Ein Querprofil des Sohlstollens bei *km* 103·737 im Detail zeigt Fig. 1. Die schwarzen Schmierlassen sind der allgemein schwebenden Lagerung angepaßt, darauf fest senkrecht und auch senkrecht zum generellen Streichen, also saiger in N—S-Richtung, stehen mit weißem Quarz ausgefüllte Klüfte, ihr Inhalt meist völlig zerdrückt.

Die grauen Quarzite am Ende des Abschnittes sind zwar häufig stark zerpreßt, in ihren heileren Partien zeigen sie jedoch deutlich das Gefüge eines groben Quarzsandsteines. Stellenweise, z. B. bei *km* 103·794, besitzen sie ein auffallend dunkles, glasiges Aussehen; es treten dann auch besonders viele dünne Zwischenlagen dunkelgrauer bis schwarzer Schiefer auf.

In den grünlichen Schiefern machen sich möglicherweise noch immer Reste der „Bunten Serie" bemerkbar.

km 103·800—103·900

Die folgenden Schichten zeigen eine intensive Vermengung von grauen Quarziten und grauen, phyllitischen Tonschiefern, „Graue Serie". Die zeichnerische Darstellung kann hier nur den jeweils vorherrschenden Gesteinscharakter wiedergeben. Tektonische Gerölle bis zu Kopfgröße sind häufig.

In den festeren Schiefern bei *km* 103·848 läßt sich die Striemung auf den Schieferungsflächen einmessen, mit 5° nach 255°. Dies deutet auf eine Beanspruchung in Richtung SSE—NNW.

Gleich anschließend und auch über den festeren Schiefern tritt wieder die stark vermischte Serie auf, meist mürb und weich, auf den Schieferungsflächen sich talkig anfühlend. Die stärker zerpreßten kleineren Quarzit- bzw. Quarzpartien sind fast durchwegs reinweiß gefärbt.

Gegen Ende des Abschnittes werden die mittleren Schiefer immer dunkler gefärbt und gewinnen an Festigkeit.

Die vermischte „Graue Serie" hält auch weiterhin an. Einzelne Lagen sind so gebräch, daß sie über beträchtliche Strecken ohne Sprengarbeit gewonnen werden konnten, so zusammenhängend von *km* 103·936 bis 103·942 und 103·976 bis 103·982. Auf Grund der Dislokationen der Zimmerung zeigt sich in dieser Strecke deutlicher Ulmendruck von NW her.

km 103·900—104·000

Ab *km* 103·961 zieht von der Firste herab ein Paket der „Bunten Serie", ihre einzelnen Glieder stark vermischt, auch Verzahnungen mit den benachbarten Schichten sind häufig. In den oberen Partien schwach S-fallend, kippt die ganze Serie im weiteren Verlauf immer steiler nach S und erreicht an der Sohle über 50°. Es zieht hier wieder ein Störungsbündel durch, von dem eine deutlicher verfolgbare Kluft bei *km* 103·994 schön aufgeschlossen wurde. Es handelt sich dabei um eine Absenkung bzw. Abbeugung der NE-Scholle. Nennenswerte seitliche Verschiebungen wurden nicht aufgeschlossen. In der Kalotte verlieren sich die einzelnen Störungsbündel, dafür tritt wider eine intensive Wechsellagerung ein. Auf den Harnischflächen der Schiefer zeigen sich vereinzelte kleine, verschmierte Pyritkörnchen.

Ein Rest der „Bunten Serie" taucht zwischen *km* 104·000 und 104·010 noch einmal in der Sohle auf.

km 104·000—104·100

Die folgenden festeren phyllitischen Tonschiefer sind dunkelgrau bis schwarz, durchzogen von unregelmäßigen Quarzgängen. Die durch einen feinverschmierten Pyritüberzug metallischglänzenden Harnischflächen verlaufen spitzwinkelig zu den Schieferungsflächen. Die Zerbrechungen machen das Einmessen illusorisch.

Anschließend kommen bankige, graue Quarzite, sehr fest, die schwere Sprengarbeit erforderten. Ihre Grobklüftigkeit äußert sich in einer beträchtlichen Wasserführung.

Die folgende, wieder mehr vermischte „Graue Serie", ein Detailbild gibt Fig. 2, bringt mit den einzelnen mächtigeren, von der Firste herabziehenden Quarzitlagen regelmäßig Tropfwasser. Die grauen, phyllitischen Tonschiefer sind meist stark zerpreßt und bergfeucht knetbar, eine Erscheinung, die hier das erste Mal deutlich auftritt und sich, mit einigen Unterbrechungen, bis zum Südportal immer wieder zeigt. Getrocknet werden die Schiefer durchaus fest, gewinnen das übliche Aussehen, zeigen mitunter sogar Spuren einer normalen

Kataklase (engständige Kluftsysteme in Gegensatz zu der intensiven allgemeinen Zerdrückung gestellt). Auch hier treten Harnische in der oben beschriebenen Weise auf.

In den Quarziten der Kalotte zeigen sich rauhwackeartige „Ausfressungen", die entfernt den Verdacht aufkommen lassen, daß es sich um Kristallinanteile, etwa Grobgneise handeln könnte. Irgendwelche nähere Hinweise, Feldspatreste oder dergleichen sind jedoch nicht feststellbar.

km
104·100—
104·200

Die ziemlich regelmäßig gelagerte Wechselserie von grauen Quarziten und grauen, phyllitischen Tonschiefern macht, von der Firste her, ab *km* 104·110 einem mächtigen Bewegungshorizont Platz, der das Erscheinen der „Bunten Serie" ankündigt. Die Gesteine sind weitgehend zerrüttet, was sich vor allem in der Wasserführung der Quarzitlagen bemerkbar macht. In den grauen Tonschiefern treten ganze Züge von tektonischen Geröllen bis Kopfgröße auf, bestehend aus weißem bis lichtgrauem Quarzit mit grauen, zerkratzten Schieferhäuten, ebenso in den folgenden schwarzen bzw. bunten Schiefern, hier allerdings aus lichtem Dolomit, mit meist grünen Schieferhäuten bestehend.

Da der Vortrieb des Sohlstollens dem Bauprogramm bereits um 130 *m* voraus war, wurde am 22. Mai 1950 bei *km* 104·120 der Vortrieb eingestellt und der Ausbau des Tunnels vorgezogen. Die Wiederaufnahme des Vortriebes erfolgte am 18. September 1950. Diese Unterbrechung wird sich zweifellos auch auf die Entstehung der folgend geschilderten Verbrüche ausgewirkt haben (genügend Zeit zu Auflockerung und Quellung).

Beim Vortrieb des Sohlstollens brach von *km* 104·118 bis 104·127 die Firste schüsselförmig bis zu 1 *m* Tiefe ein (Fig. 3). Regenartiges Tropfwasser bereitete den Verbruch vor. Es war hier das Bohrloch V der Sondierungsarbeiten vor Baubeginn niedergebracht worden, ungefähr bei *km* 104·120, was auf Wasserführung und Gebirgsfestigkeit einen gewissen Einfluß hätte ausüben können. Allerdings ist auch schon der allgemeine Gebirgszustand dieser Strecke für eine Erklärung völlig ausreichend, was die Verbrüche im unmittelbar folgenden Abschnitt eindeutig beweisen.

Die schwarzen Schiefer, die die „Bunte Serie" einleiten, weichen von den übrigen Typen etwas ab. Es handelt sich um kompakte Gesteine, keineswegs blättrig, von weißen Kalkspatadern durchzogen und außergewöhnlich hart. Sie weisen kohlig-glänzende Harnischflächen auf und sind stellenweise grusig zerpreßt. Strahlendweiße Quarzgänge sind ebenfalls fast immer grusig zerpreßt.

Als weitere Besonderheit vor der eigentlichen „Bunten Serie" zeigt sich ein brauner bis graubrauner Dolomit mit weißen Kalkspatadern, durchaus ähnlich dem normalen Semmeringdolomit. Er liegt etwas ungewöhnlich klotzig in der ansonsten doch mehr vermischten Serie. Eine grobe Bankung ist schwach angedeutet, die verheilten Klüfte stehen quer dazu.

Etwa im gleichen Abschnitt taucht an der Firste ein weißer Quarzit auf. Während in den bisherigen Strecken auch der normale graue Quarzit häufig sehr licht wurde, die Gangquarze ja durchwegs weiß waren, insbesondere jedoch zerpreßte Partien eine strahlend weiße Farbe annahmen, wobei dann die Unterscheidung zwischen Quarzit und Gangquarz nicht immer möglich war, haben wir es hier doch mit einem mächtigen Gesteinspaket zu tun, das einige Male mit der „Bunten Serie" zusammen auftritt. Die Mächtigkeit macht eine bloße Auslaugung, wie sie für die Erklärung der Bleichung kleinerer Partien durchaus ausreichend ist, hier nicht mehr wahrscheinlich, das Gestein ist auch keineswegs besonders zerpreßt. Auch handelt es sich keineswegs etwa um mächtigeren Gangquarz, sondern um richtige Quarzite. Eine Abtrennung von den grauen Quarziten der „Grauen Serie" erscheint daher notwendig.

Die folgende eigentliche „Bunte Serie" mit den Marzipandolomiten und den rotbraunen, violetten, grünen und graublauen Schiefern weist eine außerordentlich starke Verknetung auf. Die zeichnerische Darstellung kann hier nur andeuten. Die Dolomite sind meist stark verkieselt, stellenweise sind sie verschiefert. Einige Bänke weisen violette Partien auf, insbesondere in den Grenzregionen gegen die violetten Schiefer, so bei *km* 104·160 und *km* 104·180. Diese Partien sind oft auch stark zerpreßt. Eine Einwanderung des färbenden Mangans aus den Schiefern wäre somit wahrscheinlich und auch die isolierten violetten Pünktchen im Dolomit könnten bei der allgemeinen intensiven Verknetung von kleinsten Schieferlassen herrühren. Natürlich können auch die obersten Partien schon während der Ablagerung vor bzw. nach dem Sedimentationswechsel Mangan mitbekommen haben, im allgemeinen wird aber die Deutung als sekundäre Einwanderung mehr Wahrscheinlichkeit beanspruchen dürfen. Die diese Vorgänge begünstigende Wasserführung ist ja in den Dolomiten und insbesondere an der Grenze gegen die Schiefer gegeben. Die Wasserwegigkeit der Umgebung spielt ja auch eine entscheidende Rolle bei dem Farbwechsel der roten und grünen Schiefer. Mächtigere Schieferpartien sind immer rotbraun bis violett gefärbt, kleinere Partien meist grün. Bei dickeren Schieferbändern in den Dolomiten zeigt es sich, daß die inneren Partien rotbraun, die äußeren, begrenzenden, an die Dolomite anschließenden, grün sind. Dies beweist eindeutig, daß die ursprüngliche Farbe der Schiefer rotbraun ist, bedingt durch einen hochoxydierten Eisengehalt, zum Teil zusätzlich durch Mangan, und daß dieser Eisengehalt an der Grenze gegen die meist zerklüfteten und zerpreßten und, damit zusammenhängend, wasserführenden Dolomite, die in diesem Zustand ein reduzierendes Medium schaffen, in eine niederwertigere und damit grüngefärbte Form umgewandelt wird. Detailbilder aus der „Bunten Serie" geben die Fig. 4, 5, 6, 7.

Von *km* 104·180 bis 104·230 drangen während des Vortriebes des Sohlstollens wiederholt Massen von aufgeweichtem grauem Schiefer in Mengen bis zu 35 m^3 in den Stollen ein. In dem Schieferbrei fanden sich durchwegs gelber Dolomitgrus, weiße Quarzsplitter und Bröckchen von festem, grauem Schiefer. Die Massen drangen in einer mit dem Auge ohne weiteres verfolgbaren Geschwindigkeit ein. Eine Hinterstopfung mit Holzwolle und ähnlichen Materialien begünstigte das Abflauen des Eindringens. Der entsprechend vorsichtig weitergetriebene Sohlstollen geriet in keine ernsthaften Schwierigkeiten. Beim Vortrieb des Firstschlitzes drang an den entsprechenden Stellen ebenfalls Schieferbrei ein, aber in bedeutend geringeren Mengen. Erst als sich die Brust des Firstschlitzes bereits bei *km* 104·378 befand und man an der gefährdeten Stelle schon mit dem Ausbruch bzw. der Betonierung der Kalotte begonnen hatte, ereignete sich, diesmal ziemlich schnell, ein Einbruch von zirka 200 m^3 des schon beschriebenen Schieferbreies (Bild 6), über den bereits ausführlich berichtet wurde (W. J. Schmidt, 1951). Nach einer längeren Wartezeit konnte dann die Ausräumung der verbrochenen Kalottenstrecke sowie ihr endgültiger Ausbau ohne Schwierigkeiten durchgeführt werden. Ein Zusammenhang von Einbruch und Vortrieb kann nicht angenommen werden, wohl aber ein solcher mit dem Kalottenausbruch. Zweifellos handelte es sich dabei um das Ausrinnen eines ganzen Schichtpaketes der überlagernden „Grauen Serie". Die starke Druckhaftigkeit des Gebirges sowie der rasche Wechsel der Gesteinsarten berechtigten durchaus zu der Annahme, daß derartige Einbrüche kein größeres Ausmaß annehmen würden, was der weitere Vortrieb auch bestätigte.

km 104·200— 104·300

Die „Bunte Serie", ein Detailbild gibt Fig. 8, wird wieder durch einen tektonisch sehr beanspruchten Mischhorizont beendet, der die Lagerungsverhältnisse gegenüber der folgenden „Grauen Serie" sehr unklar erscheinen läßt. Die Quarzite dieses Abschnittes sind häufig sehr licht gefärbt, sodaß eine Unterscheidung von den weißen Quarziten der „Bunten Serie" nicht immer möglich ist. Mitten in der „Grauen Serie" liegt ein Klotz von graubraunem Dolomit.

Bei *km* 104.270 setzt wieder die „Bunte Serie" ein, auch hier ist der Verband ein verzahnter. Auffallend ist die Wechsellagerung von grauem Quarzit und gelbem Dolomit, wie sie sonst nicht üblich ist.

Die bunten Schiefer am Ende des Abschnittes sind so innig mit grauen, phyllitischen Tonschiefern vermengt, daß man nur eine Sammelsignatur verwenden kann. Das gesamte

Material ist fein zerpreßt und in bergfeuchtem Zustand knetbar. Es entspricht bereits völlig den Schieferultramyloniten der Südstrecke.

km
104·300—
104·400

Die intensiv verfalteten, in bergfeuchtem Zustand knetbaren Schiefer halten in den unteren Tunnelpartien weiter an. Aus ihren einzelnen weißen Quarzittrümmern entwickeln sich zusammenhängende Züge, die an den Grenzen gegen die grünen Schiefer deutlich das Eindringen des grünen Pigments zeigen, wie es bereits ausführlich beschrieben wurde (W. J. Schmidt, 1951).

Auffallend sind in den so intensiv verfalteten und zerpreßten Schiefern völlig unversehrt erhaltene weiße Gangquarze bis zu 2 *cm* Dicke, einzelne Linsen erreichen 5 *cm* Durchmesser. Allerdings haben sie keine jeweils größere Erstreckung. Offenbar wirkten die weichen Schiefer als polsterartiger Schutz.

Einzelne dünne Dolomitlagen treten im ganzen Bereich auf, einige mächtigere Züge hinter den lichten Quarziten.

Der entsprechende Kalottenabschnitt wird fast zur Gänze von massigen grauen Quarziten eingenommen. Gegen Ende der Strecke stoßen sie bis zur Sohle hinunter, zeigen dann aber die üblichen Vermengungen mit den grauen, phyllitischen Tonschiefern. Diese sind hier sehr kieselsäurereich und wiederholt in Übergängen aus den Quarziten entwickelt. Um *km* 104·400 sind die Gesteine besonders stark zerrüttet und vermengt und drangen langsam in den Stollen ein. Im Gegensatz zu den Einbrüchen der vorangegangenen Strecke fühlte sich diese Mischung fast trocken an, auch die Geschwindigkeit war wesentlich geringer und mit dem Auge nicht unmittelbar zu verfolgen. Es ergeben sich somit mehr Parallelen zu dem Eindringen der Schieferultramylonite der Südstrecke, ein Unterschied liegt jedoch in der grusigen Kornform und dem großen Anteil der Quarzite.

km
104·400—
104·500

Die Trennung der grünen und grauen Schiefer ist nach wie vor problematisch. Streckenweise geben Dolomitbrocken und braune Schieferpartien Anhaltspunkte. Bei *km* 104·440 haben die graugrünen Schiefer feine Lagen von weißem Kalzit (bis zu 1 *mm* dick), die parallel der Schieferung eingelagert sind. Die Grobblättrigkeit der Schiefer wird dadurch betont. Bei dem Aussehen des Kalzits handelt es sich wahrscheinlich um eine sekundäre Bildung.

Auch bei den Quarziten ist die Unterscheidung zwischen grauen und echten weißen wieder schwierig, da die grauen stellenweise stark ausgebleicht sind, insbesondere in den häufigen Zerdrückungszonen. Dazu kommt, gegen Ende der Strecke zusammenhängend, ein weiterer Quarzittyp, nämlich grüner, sandsteinartiger Quarzit, wie er obertags häufig auftritt. Während bisher wohl auch grünliche Partien in den weißen und grauen Quarziten auftraten, aber immer örtlich beschränkt und ableitbar, findet sich hier ein mächtiger, einheitlicher Zug. Auch die sandsteinartige Struktur hebt ihn etwas von den normalen Typen ab. Auf den Schieferungsflächen treten Serizitbestege auf. Dieser Quarzit unterlagert einen Zug der bunten Schiefer. Der Schieferzug ist auch noch aus zwei anderen Gründen interessant. Er wird nämlich eingeleitet von einem graubraunen Dolomit, der Anzeichen einer unverheilten Kataklase aufweist. Als zweites finden sich in den Schiefern selbst nur schwach kantengerundete Dolomitbrocken, mit Andeutungen von Schieferhäuten. Es handelt sich also um ein Vorstadium zu den wohlgerundeten tektonischen Geröllen, die schon mehrfach erwähnt wurden.

km
104·500—
104·600

Die starke Zerpressung und Durchmischung der Gesteine hält auch weiterhin an und erreicht stellenweise ein solches Ausmaß, daß die Anwendung der Tonnenzimmerung angezeigt erschien (die jeweiligen Anwendungsbereiche sind oberhalb des Längenprofiles eingezeichnet).

Wie immer in den Zonen intensiver Verknetung ist auch hier die sichtbare Wasserführung gering, da die überall verteilten Schiefer eine Wasserzirkulation und damit Ansammlungen von Wasser an einzelnen Stellen verhindern. Daß dessenungeachtet eine beträchtliche Feuchtigkeit im Gestein, allerdings gut verteilt, vorhanden ist, beweist die

Plastizität der Schiefer in bergfeuchtem Zustand, zu welcher die vorhergegangene Zerdrückung nur eine Voraussetzung ist, was sich dadurch leicht nachweisen läßt, daß diese Schiefer nach der Trocknung ihre Plastizität verlieren. Näheres darüber wurde ja bereits ausgeführt.

Die tektonische Beanspruchung der Gesteine nimmt immer mehr zu. Die grauen Quarzite sind, mit wenigen Ausnahmen, grusig zerquetscht. Dabei ist jedoch meist ein loser Verband innerhalb der einzelnen Bänke noch erhalten und der Grad der Zerpressung zeigt sich erst beim Lösen, wenn das scheinbar unversehrte Gestein zu Grus zerfällt. Kleinere Linsen sind fast immer noch stärker zerpreßt und bestehen fast zur Gänze aus Staub, meist weiß gefärbt. Eine Abtrennung der Gangquarze, die sicher vorhanden sind, ist unter diesen Umständen unmöglich. Die Schiefer sind ebenfalls vollkommen zerpreßt und weich und in feuchtem Zustand plastisch. Sie zeigen intensivste Verfaltung. In den Quarzit ziehen sie in ganzen Schwärmen von Lassen hinein, beherbergen anderseits fast durchwegs mehr oder weniger zerpreßte Quarzitbrocken. Selbst im Maßstab 1 : 250 muß hier viel vereinfacht werden. *km 104·600—104·700*

In diesem Abschnitt beginnt die erste Strecke mit richtiger „Weißerde", unter welchem Namen die Schieferultramylonite von den Bauausführenden meist zusammengefaßt wurden. Es handelt sich dabei in der Hauptsache um völlig zerdrückte „bunte Schiefer", in der Gesamtfarbe weiß bis graugrün, seltener rötlich — Übergänge zu den grauen, phyllitischen Tonschiefern sind häufig zu beobachten —, in denen einzelne Brocken von lichtem Quarz und lichtem Dolomit schwimmen, meist zu Staub zerpreßt, umgeben von einer dünnen, bei kompakten Geröllen fest anhaftenden Schieferhaut. Die Quarzbrocken sind weitaus häufiger. In der Mehrzahl handelt es sich dabei wohl um ehemalige sekundäre Quarzausscheidungen, jetzt völlig zerdrückt und zerlegt, die in den Zeichnungen, ihrer Farbe und Unterscheidbarkeit wegen, mit der Signatur der weißen Quarzite versehen wurden. Die zeichnerische Darstellung kann dabei natürlich nur die größeren Einsprengungen erfassen, ihre Masse bewegt sich jedoch in Größenordnungen von Zentimetern und stellenweise erscheinen die Schiefermassen wie gespickt mit ihnen. Die Form der Quarztrümmer ist gerundet, ansonsten jedoch unregelmäßig. Die Dolomite weisen elliptische Formen auf. Die Schieferhäute sind wirr zerkratzt und es ergeben sich somit vollkommene Analogien zu den gekritzten Geschieben des Glazials. Eine Zusammenfassung der Einschlüsse zu Zügen ist jeweils nur über kurze Strecken verfolgbar. Ein Bewegungssinn läßt sich nicht herauslesen. *km 104·700—104·800*

Die Schiefermassen sind wirr und sehr intensiv verfaltet. Wo Trennungsflächen deutlicher erkennbar sind, stehen sie sehr steil, ordnen sich mit ihrem Streichen jedoch in die allgemeine Richtung ein. Quer durch die Faltungen und Verfältelungen schneiden schnurgerade, wenngleich auch meist nur über kurze Distanzen verfolgbar, steilstehende Klüfte, Streichrichtung E bis NE. Zweifellos hängt ihre Lage mit der der schon beschriebenen Trennungsflächen zusammen. Die Klüfte sind auffallend durch die starke Pigmentanreicherung in ihnen. Häufig weisen sie söhlig liegende Striemungen auf.

Der Wassergehalt des ganzen Komplexes wird nur selten sichtbar und dann nur in Form einiger feuchter Stellen. Laboratoriumsuntersuchungen ergaben jedoch stellenweise einen Wassergehalt bis zu 25%. Allerdings muß man dabei berücksichtigen, daß die Schiefermassen aus der Stollenluft Feuchtigkeit aufnehmen. Der Wassergehalt von unmittelbar während des Vortriebs entnommenen Proben war meist nicht höher als maximal 8%, wobei noch immer keine Gewähr für tatsächlich unbeeinflußte Entnahme gegeben war.

Infolge der starken Druckerscheinungen (Fig. 9, Bild 7, 8, 9, 10, 11, 13, 14, 15, 16, wurde der Vortrieb des südlichen Sohlstollens am 20. März 1950 bei *km* 104·760 eingestellt, der Stollen bei *km* 104·765 abgedämmt und der Vollausbau des Tunnels nachgezogen. Erst am 20. September 1950 wurde der Vortrieb wieder aufgenommen. Die Stollenstrecke hinter der Verdämmung hatte sich praktisch geschlossen. Nähere Angaben über die Druckerscheinungen finden sich im Kapitel „Gebirgsdruck".

Um das ständige Nachreißen — sowohl in arbeitsmäßiger Hinsicht als auch in Hinsicht auf die Beunruhigung des Gebirges — und die ständige Erneuerung der Türstockzimmerung und der übrigen Stolleneinrichtungen zu vermeiden, wurde in den besonders druckhaften Strecken eine Tonnenzimmerung verwendet. Ihre nähere Beschreibung findet sich im Kapitel „Technische Angaben".

km 104·800—104·900

Die zerdrückten Schiefer beherbergen auch weiterhin eine Vielzahl von Geröllen, jedoch gewinnen die Dolomite unter ihnen die Vormacht. Die Trennungsflächen stehen wie bisher sehr steil und verlaufen ENE. Neben den normalen grünlichen, weißen und grauen Partien treten hier auch schwarze, graphitische Züge, meist besonders stark verfältet auf. Häufig sind in ihrer Nähe Linsen von strahlendweißem, zerdrücktem Quarz.

Bei *km* 104·830 stoßt die Serie ziemlich unvermittelt an einem mächtigen, steilstehenden Rauhwackezug ab (Rauhwackebrocken in dem Schieferkomplex waren bisher ziemlich selten).

Knapp vor dem Ende der Schiefer macht sich bei den Türstöcken der Zimmerung eine Schiefstellung bemerkbar, die auf ein relatives Absinken des Südostulmes deutet.

Der anfängliche Wasserzudrang an der Grenzfläche zwischen Rauhwacken und Schiefern betrug 6 *l/sec*, flaute aber bald erheblich ab (Bild 4).

Wieder mit ziemlich scharfer Grenze folgt ein mehr oder weniger stark zerpreßter Dolomit, grau, Anzeichen von mit weißem Kalkspat verheilten Zerbrechungen in der Größenordnung von Grus. Es handelt sich also um den normalen Semmeringdolomit. Seine letzte Beanspruchung ist unterschiedlich, bis zur Staubbildung reicht sie nur ausnahmsweise. Dafür lassen sich größere, fast unversehrte Partien abscheiden. Der Komplex ist, etwas überraschend, vollkommen trocken. Auffallend sind quer durchschneidende jüngste Klüfte, gegeneinander verstellt, die pechschwarz-glänzende, an Asphalt erinnernde Flächen aufweisen.

Bei *km* 104·870 wird der mächtige Dolomitkomplex von einer gemischten Gesteinsserie unterbrochen, zerdrückte bunte Schiefer, lichte Dolomite und weiße Quarzite, also die „Bunte Serie", zusammen mit gelblicher Rauhwacke. Letztere bringt wieder Wasser, hier anfänglich 2 *l/sec*.

Der normale Dolomit hinter bzw. unter dieser Einlagerung ist auffallend dunkelgefärbt, geht jedoch nach kurzer Strecke in den normalfarbigen über.

Die Standfestigkeit des Semmeringdolomites war, wohl auch infolge seiner Wasserarmut, gut und ein willkommener Gegensatz zu der der meisten anderen Gesteinen. Übrigens bereitete auch die Rauhwacke, abgesehen von der Wasserführung an den Grenzflächen, keine Schwierigkeiten.

km 104·900—105·000

Die Schieferzüge, die den Semmeringdolomit durchsetzen, bieten das übliche Bild, weiß-grün-grau-schwarz-braun, bergfeucht knetbar, durchsetzt mit Dolomit- und Quarzknollen, mehr oder weniger zerdrückt. Meist bilden sie Bewegungshorizonte, ausgenommen, wenn sie in größeren unregelmäßigen Massen auftreten. Die vereinzelten Schieferblätter haben durchwegs eine grauschwarze Farbe.

In den Dolomiten zeigen sich vereinzelt Nester von kleinen Pyritwürfelchen, unzersetzt. Ihre Menge ist für eine technische Einflußnahme zu gering.

Die Lage einiger junger Klüfte zeigt Fig. 10.

In der Kalotte bringen dann zu Staub zerpreßte Dolomite („Dolomitasche") ein neues Gestein mit sich, graue bis graublaue, schwach-dünnbankige Kalke. Diese beschränken sich jeoch auf wenige schmächtige Züge, die bald wieder aussetzen, bzw. in der Firste verschwinden. Im Gegensatz zu dem ersten Auftreten der Dolomitasche ist dieses Vorkommen wasserführend. Die Überlagerung ist hier allerdings nur mehr sehr gering und an der Oberfläche fließen in diesem Abschnitt zahlreiche kleine Bächlein, sodaß ein direkter Oberflächeneinfluß angenommen werden kann.

Anschließend kommen, auch in der Firste wieder, gut gebankte feste Semmeringdolomite, die einige mächtige Rauhwackezüge mit sich führen. Im Grenzgebiet erlangen die Dolomite wiederholt ein brecciöses Aussehen und gehen dann ohne scharfe Grenze in die Rauhwacken über.

Gegen Ende des Abschnittes weisen die Semmeringdolomite neben ihrer allgemeinen älteren Kataklase eine gewisse Klüftigkeit auf, insbesondere können auch Blattverschiebungen, allerdings nur kleineren Ausmaßes, beobachtet werden. Das Streichen der Klüfte pendelt um NW, sie fallen steil nach NE. Auf den Kluftflächen zeigen sich Striemen, die söhlig liegen oder schwach nach SE fallen. Letztere Lage hat vielleicht einen Zusammenhang mit den Erscheinungen, die das im vorigen Abschnitt beschriebene Absinken des SE-Ulmes bedingten.

Die ganz zum Schluß in der Firste auftauchenden Rauhwacken haben ein sandigerdiges Aussehen, gelbliche bis bräunliche Farbe und sind stark zerpreßt. Vereinzelte Schiefer- und Quarzitbrocken liegen in ihnen.

Die letzten Partien des Semmeringdolomites sind grusig zerpreßt und ohne Zusammenhalt. Die überlagernde Rauhwacke hat einen erheblichen Kalkanteil. Sie besitzt gelbbraune Farbe, mitunter auch etwas rötlich, weist nur kleine Hohlräume auf — oft ist sie schon wieder gänzlich zusammengepreßt — und zeigt keinerlei Schichtung, ausgenommen einige aus festem, gelblichem Dolomit bestehende Partien. Häufig treten Limonitnester auf. An Einschlüssen finden sich Bröckchen von Semmeringdolomit, stellenweise neuerlich durch Kalk verkittet, Schiefer- und Phyllitbröckchen. Quarzitanteile sind verhältnismäßig selten. Möglicherweise sind auch noch höherkristalline Gesteine (Grobgneise?) vertreten, ihr Erhaltungszustand erlaubt aber keine sicheren Aussagen.

km
105·000—
105·100

Im Verlauf der Strecke treten wiederholt Schiefermylonite, meist grünlich, auf, die die Rauhwacke unterlagern und die den Bauarbeiten beim Voreinschnitt einige Schwierigkeiten wegen des mit ihnen verbundenen Bewegungshorizonten verursachten. Näheres darüber findet sich im Kapitel „Baugeschichte".

Die jüngeren Überlagerungen im Voreinschnitt bzw. Richtstollen zeigen folgendes Bild. Unmittelbar über der Rauhwacke bzw. über den Schiefermyloniten liegt ein lettiges Sediment, das einige Ähnlichkeit mit aufgeweichten Schiefermassen hat, aber durch seine torfig-kohligen Einlagerungen unterschieden ist. Fossilien, auch Mikrofossilien fanden sich nicht, jedoch dürfte eine Parallelisierung mit dem kohleführenden Miozän der weiteren Umgebung berechtigt sein. Die maximale Mächtigkeit beträgt 1·5 m. Die Schichten fallen leicht nach SW.

Bei dem darüberliegenden bräunlichen Blocklehm dürfte es sich zufolge der unterschiedlichen Größe seiner meist nur kantengerundeten Blöcke und der zähen Packung wegen um Reste einer Grundmoräne handeln. Die Blöcke bestehen fast nur aus Quarzit oder Dolomit. Gekritzte Geschiebe wurden nicht beobachtet, wären aber auch noch kein endgültiger Beweis für die glaziale Natur der Ablagerungen gewesen, da sie gerade in diesem Gebiet von den gekritzten tektonischen Geröllen nicht unterscheidbar gewesen wären.

Bei den obersten Ablagerungen handelt es sich um Alluvionen der zahlreichen kleinen Bächlein dieses Abschnittes, vermehrt um Hangschutt, auch hier Quarzit und Dolomit weitaus vorherrschend. Dazu kommt in erheblichen Mengen buntgemischtes Material vom alten Tunnelbau.

Die oben beschriebenen Gesteinsserien setzten sich unverändert fort.

km
105·100—
105·140

Sondierungsbohrungen

Vor Baubeginn wurden über Auftrag der Österreichischen Bundesbahn von der Bau- und Steinindustrie A. G. Wien (Bustag) Sondierungsbohrungen durchgeführt. Da die Gesamtprofile mehr oder weniger subjektive Ergänzungen der durch den Tunnelbau sowie durch diese Bohrungen gewonnenen Aufschlüsse darstellen, werden die Sondierungsbohrungen im folgenden eingehender beschrieben.

Mehrfach begonnene gleiche Bohrungen werden nur einfach dargestellt. Sämtliche Bohrlöcher befinden sich annähernd in der Tunnelachse.

Naturgemäß ergibt eine Bohrung bei Gebirgsverhältnissen wie am Semmeringpaß in vielen Fällen ein mehrfach deutbares Bild. Eine Kerngewinnung gelang nur ganz ausnahmsweise, und in dem zerkleinerten Bohrgut machten sich vor allem die Quarzanteile, in vielen Fällen unberechtigterweise, besonders stark bemerkbar. Auch eine Trennung der einzelnen Schichten war bei diesem Bohrgut kaum einmal exakt möglich, schon gar nicht, wenn die einzelnen Schichten nicht einmal 1 dm Mächtigkeit erreichten, wie es ja oft der Fall war. Der Wert der folgenden Angaben ist daher beschränkt.

An Unterlagen wurden verwertet: die Bohrprotokolle der ausführenden Firma bzw. der Österreichischen Bundesbahnen, das Bohrgut.

Bohrloch I: km 103,649, Seehöhe 933 m.

0 — 0·3 m Verwitterungsboden
0·3— 5·8 m Hangschutt, zum Teil Anschüttung, mit Dolomit, Phyllit, Schiefer
5·8—15·0 m dunkelgrauer Kalk
15·0—16·3 m hellgrauer bis weißer Quarzit
16·3—20·0 m weicher Schiefer, violett bis grau
20·0—22·0 m grauer Quarzit
22·0—24·0 m lichtgrauer Schiefer
24·0—31·0 m weicher Schiefer, dunkelgrau, grünlich
31·0—32·0 m grauer Quarzit und grauer Schiefer
32·0—37·0 m graugrüner Schiefer, wenig Dolomit
37·0—41·0 m lichtgrauer Schiefer und Quarzit

Bohrloch II: km 103,793, Seehöhe 965 m.

0 — 0·3 m Verwitterungsboden
0·3— 2·0 m Hangschutt
2·0— 9·1 m grauer, grüner und violetter Schiefer und weißlicher Dolomit, abgebrochen bei 9·1 m.

Bohrloch III: km 103,913, Seehöhe 1006 m.

0 — 0·3 m Verwitterungsboden
0·3—15·1 m Hangschutt, vermischt mit weichem, dunklem, auch buntem Schiefer
15·1—18·2 m dunkelgrauer Kalk mit weißen Kalkspatadern, dunkelgrauer Schiefer
18·2—22·0 m lichtgelber, weißlicher, grünlicher Dolomit, wenig grüner Schiefer
22·0—23·0 m weißer Quarzit, wenig grünlicher und rötlicher Schiefer
23·0—23·7 m weißlicher Dolomit
23·7—24·0 m rötlicher Dolomit
24·0—26·2 m weißer bis lichtgelber Dolomit, wenig grüner Schiefer
26·2—27·3 m lichter Dolomit, lichtgrauer Schiefer
27·3—29·0 m lichtgrauer Schiefer
29·0—30·0 m lichtgrauer Schiefer und Quarzit
30·0—30·7 m heller Schiefer
30·7—30·8 m gelblichweißer und rötlicher Dolomit
30·8—32·3 m violetter Schiefer
32·3—34·0 m graugrüner Schiefer
34·0—35·2 m hellgrauer Schiefer mit dünnen Kalkzwischenlagen
35·2—38·0 m gelblichweißer Dolomit
38·0—39·0 m heller Dolomit, wenig grünlicher Schiefer
39·0—39·3 m heller Dolomit, dunkelgrauer Schiefer
39·3—40·4 m lichtgelber Dolomit, wenig grünlicher Schiefer
40·4—41·4 m violetter Schiefer und violetter Dolomit
41·4—41·7 m weißlicher Dolomit
41·7—48·0 m violetter Schiefer mit lichtgelbem und rötlichem Dolomit
48·0—48·8 m violetter Schiefer
48·8—51·0 m heller Dolomit und violetter Schiefer
51·0—52·0 m heller Dolomit, grüner und grauer Schiefer, dunkelgrauer Kalk
52·0—55·2 m weicher, graugrüner Schiefer
55·2—56·0 m lichtgelber Dolomit
56·0—58·0 m violetter und grauer Schiefer

58·0—64·0 m dunkelgrauer Kalk
64·0—65·0 m violetter Schiefer, wenig lichter Dolomit
65·0—67·0 m weißer Quarzit und violetter Schiefer
67·0—68·0 m violetter Schiefer und heller Dolomit
68·0—70·0 m grüner Schiefer
70·0—83·0 m grüner Schiefer, wenig Quarzit
83·0—88·0 m grauer und weißer Quarzit, wenig grüner Schiefer
88·0—91·0 m grüner Schiefer mit Quarzit
91·0—94·0 m weißer Quarzit
94·0—103·0 m graugrüner Schiefer mit Quarzit
103·0—108·0 m lichtgrauer Quarzit
108·0—109·0 m grünlichgrauer Schiefer mit lichtgrauem Quarzit
109·0—112·0 m hellgrauer Schiefer mit lichtgrauem Quarzit
112·0—113·3 m grünlichgrauer Schiefer mit Quarzit

Bohrloch IV: km 104·009, Seehöhe 1009 m.

0 — 0·2 m Verwitterungsboden
0·2— 1·0 m gelblicher Dolomit
1·0— 2·0 m grauer Schiefer und Dolomit
2·0—11·0 m dunkelgrüner Schiefer, wenig Quarzit
11·0—15·0 m heller, grünlicher Schiefer, gelblicher Dolomit, weißer Quarzit
15·0—16·0 m dunkelbrauner Schiefer, grauer Quarzit
16·0—18·0 m violetter Dolomit und violetter Schiefer
18·0—20·0 m brauner Schiefer, lichtgelber Dolomit, dunkelgrauer Quarzit
20·0—22·0 m heller und rötlicher Schiefer, heller und rötlicher Dolomit, lichtgrauer Quarzit
22·0—34·0 m grauer und violetter Schiefer, weißlicher und rötlicher Dolomit, lichtgrauer Quarzit
34·0—38·0 m weißlicher Dolomit, weißer Quarzit, violetter Schiefer
38·0—41·0 m grüner und violetter Schiefer, weißlicher Dolomit
41·0—44·0 m weißlicher Dolomit, Quarzit
44·0—45·0 m lichtgrauer und violetter Schiefer, weißlicher und rötlicher Dolomit, weißer Quarzit
45·0—46·0 m gelblicher und rötlicher Dolomit, violetter Schiefer
46·0—47·0 m gelblicher und rötlicher Dolomit, violetter und dunkelgrauer Schiefer
47·0—48·0 m lichter Dolomit
48·0—50·0 m grüner und violetter Schiefer, weißer und roter Dolomit, weißer Quarzit
50·0—58·0 m violetter Schiefer, rötlicher und weißlicher Dolomit
58·0—60·0 m dunkelgrauer Schiefer, rötlicher und hellgelber Dolomit
60·0—63·0 m rötlicher und violetter Dolomit, violetter Schiefer, weißer Quarzit
63·0—69·0 m dunkelgrauer und violetter Schiefer, violetter und lichtgelber Dolomit, weißer Quarzit
69·0—71·0 m lichtgelber Dolomit, weißer Quarzit
71·0—82·0 m hellgrüner Schiefer, lichtgrauer Quarzit
82·0—96·0 m dunkelgrauer Schiefer, grauer Quarzit
96·0—98·0 m dunkelgrauer Schiefer
98·0—99·0 m dunkelgrauer Schiefer, rötlicher und hellgelber Dolomit
99·0—102·0 m dunkelgrauer Schiefer
102·0—105·0 m dunkelgrauer Schiefer, wenig grauer Quarzit
105·0—107·0 m dunkelgrauer Schiefer, gelblicher Dolomit
107·0—113·2 m dunkelgrauer Schiefer, grauer Quarzit

Bohrloch V: km 104·117, Seehöhe 997 m.

0 — 0·3 m Verwitterungsboden
0·3— 1·0 m Hangschutt
1·0—16·0 m weißer, grauer und violetter Schiefer
16·0—18·0 m lichtgelber und rötlicher Dolomit, violetter Schiefer
18·0—24·0 m violetter Schiefer
24·0—25·0 m lichtgelber und rötlicher Dolomit
25·0—27·0 m lichtgelber und rötlicher Dolomit, wenig grüner Schiefer, weißer Quarzit
27·0—41·0 m lichtgelber und rötlicher Dolomit, violetter Schiefer
41·0—43·0 m violetter und rötlicher Dolomit, violetter Schiefer
43·0—45·0 m violetter und rötlicher Dolomit, violetter und grüner Schiefer
45·0—46·0 m grüner und dunkelgrauer Schiefer
46·0—47·0 m dunkelgrauer Schiefer, wenig grüner Schiefer

47·0—49·0 m dunkelgrauer Schiefer, wenig violetter Schiefer, rötlicher Dolomit, hellgrauer Quarzit
49·0—54·0 m dunkelgrauer Schiefer
54·0—58·0 m hellgrauer und dunkelgrauer Schiefer, grauer Quarzit, gelblicher Dolomit
58·0—59·0 m dunkelgrauer Schiefer, grauer Quarzit
59·0—60·0 m grauer Quarzit
60·0—69·0 m dunkelgrauer Schiefer, grauer Quarzit
69·0—70·0 m weißlicher Dolomit
70·0—72·0 m grauer, grüner, violetter Schiefer, wenig grauer Quarzit
72·0—75·0 m dunkelgrauer Schiefer
75·0—76·0 m dunkelgrauer Schiefer, Semmeringdolomit
76·0—79·0 m hellgrauer Schiefer, Semmeringdolomit, gelblicher Dolomit
79·0—81·0 m hellgelber Dolomit, lichtgrauer Schiefer
81·0—82·0 m hellbrauner Dolomit
82·0—83·0 m lichtgrauer Schiefer, Semmeringdolomit
83·0—85·0 m Semmeringdolomit
85·0—88·0 m dunkelgrauer Schiefer, wenig gelblicher Dolomit
88·0—89·0 m hellgrauer und dunkelgrauer Schiefer, hellgrauer Quarzit
89·0—90·0 m hellgrauer und dunkelgrauer Schiefer
90·0—92·0 m grauer Quarzit, grünlichgrauer Schiefer
92·0—97·0 m hellgrauer und dunkelgrauer Schiefer, grauer Quarzit
97·0—98·0 m grauer Quarzit, wenig grauer Schiefer
98·0—102·1 m dunkelgrauer Schiefer, grauer Quarzit

Bohrloch VI: nicht ausgeführt.

Bohrloch VII: km 104·327, Seehöhe 974 m.

0 — 0·3 m Verwitterungsboden
0·3— 3·0 m stark glimmeriger Lehm, Quarzsand
3·0—10·0 m weicher, grauer Schiefer, grauer Quarzit
10·0—19·0 m grauer Quarzit, wenig grauer und grüner Schiefer
19·0—20·0 m weicher, silbriger, graublauer Schiefer
20·0—21·0 m dunkelgrauer Schiefer, wenig grauer Quarzit, grüner Schiefer
21·0—23·0 m silbrig-grauer Schiefer
23·0—39·0 m rotbrauner und silbrig-grauer Schiefer, hellgrauer Quarzit
39·0—59·0 m grauer Quarzit, grauer und rotbrauner Schiefer, wenig grüner Schiefer
59·0—64·9 m grauer und rotbrauner Schiefer, wenig grüner Schiefer und grauer Quarzit
64·9—65·0 m grüner Quarzit
65·0—68·0 m grauer, grüner und rotbrauner Schiefer, wenig grauer Quarzit
68·0—78·5 m grauer Quarzit, grauer, grüner und rotbrauner Schiefer

Bohrloch VIII: km 104·447, Seehöhe 960 m.

0 — 0·3 m Verwitterungsboden
0·3— 2·0 m graubrauner Lehm mit grauen Schieferplättchen
2·0— 4·0 m brauner Lehm mit Quarzsand
4·0— 5·0 m Semmeringquarzit, wenig Rauhwacke
5·0— 8·0 m weißgrauer, auch rötlicher Quarzit
8·0— 9·0 m weißgrauer und rötlicher Quarzit, grauer und grüner Schiefer
9·0—10·0 m lichtgrauer und rötlicher Quarzit, brauner und grüner Schiefer
10·0—12·0 m grauer Quarzit, gelber Dolomit, wenig dunkelgrauer Schiefer
12·0—18·0 m gelbgrauer Dolomit, lichtgrauer Quarzit, auch weiß, wenig dunkelgrauer Schiefer
18·0—21·0 m lichtgrauer Quarzit, gelber Dolomit, wenig dunkelgrauer Schiefer
21·0—23·0 m grauer und grüner Quarzit
23·0—24·5 m grauer Quarzit
24·5—26·5 m dunkelgrauer Quarzit
26·5—30·1 m hellgrauer und dunkelgrauer Quarzit, grauer Schiefer
30·1—32·3 m weißer und grauer Quarzit
32·3—33·0 m weißer und grauer Quarzit, wenig dunkelgrauer Schiefer
33·0—34·0 m hellgrauer Quarzit, wenig dunkelgrauer, brauner und grüner Schiefer
34·0—35·0 m grauer Quarzit
35·0—36·0 m weißer und grauer Quarzit, Rauhwacke

36·0—38·0 m weißer und grauer Quarzit, Rauhwacke, wenig dunkelgrauer Schiefer
38·0—41·0 m grauer Quarzit, wenig Rauhwacke
41·0—42·0 m grauer Quarzit, Rauhwacke, wenig dunkelgrauer Schiefer
42·0—48·0 m grauer Quarzit, Rauhwacke, wenig grauer Schiefer
48·0—49·0 m weißer und grauer Quarzit, wenig dunkelgrauer Quarzit
49·0—55·0 m weißer und grauer Quarzit, Rauhwacke
55·0—56·0 m weißer und grauer Quarzit, wenig Rauhwacke, brauner und grüner Schiefer
56·0—59·0 m grauer Quarzit
59·0—61·0 m weißer und grauer Quarzit, wenig Rauhwacke
61·0—66·0 m weißer, grauer und grünlicher Quarzit

Bohrloch IX: km 104·614, Seehöhe 945 m.

0 — 0·5 m Verwitterungsboden
0·5— 1·0 m sandiger Lehm mit Quarzittrümmern
1·0— 3·0 m glimmeriger Lehm mit Grobkies
3·0— 5·0 m grauer Quarzit, weicher, dunkelgrauer Schiefer, grauer Kalk
5·0— 7·0 m grauer Quarzit, weicher, grünlichgrauer Schiefer
7·0— 9·0 m grauer Quarzit, grünlichgrauer und violetter Schiefer
9·0—11·0 m grauer Quarzit, wenig grünlichgrauer und violetter Schiefer, gelblicher Dolomit
11·0—12·0 m grauer Quarzit, grüner und grauer Schiefer, wenig gelblicher Dolomit
12·0—13·0 m weicher, grünlicher Schiefer, wenig grauer Quarzit
13·0—14·0 m grünlicher Quarzit, wenig grüner und brauner Schiefer
14·0—15·0 m grüner und grauer Quarzit, grüner und brauner Schiefer, wenig dunkelgrauer Kalk, violetter Schiefer
15·0—17·0 m grüner und grauer Schiefer, wenig weißer Quarzit
17·0—22·0 m grüner und brauner Schiefer, wenig weißer Quarzit
22·0—23·0 m weißer Quarzit, violetter und schwarzer Schiefer
23·0—24·0 m weißer und grauer Quarzit, grüner und grauer Schiefer
24·0—31·0 m hellgrüner und weißer Quarzit, grauer, schwarzer und grüner Schiefer
31·0—33·0 m Semmeringdolomit, Semmeringquarzit, weißer Quarzit
33·0—45·0 m grünlicher, grauer und weißer Quarzit, Semmeringdolomit, grünlichgrauer Schiefer
45·0—48·0 m grauer Quarzit, graugrüner Schiefer, Semmeringdolomit
48·0—49·8 m Semmeringdolomit, grauer Quarzit, grünlichgrauer Schiefer
49·8—51·0 m weißer und grauer Quarzit

Bohrloch X: km 104·792, Seehöhe 939 m.

0 — 0·2 m Verwitterungsboden
0·2— 2·0 m Schutt
2·0—11·0 m grauer Quarzit, wenig grauer Schiefer
11·0—20·0 m Semmeringdolomit
20·0—23·0 m grüner, grauer und dunkelgrauer Quarzit
23·0—46·0 m lichtgrauer und dunkelgrauer Quarzit, grauer Schiefer, kontinuierlich übergehend in grünlichgrauen, weichen Schiefer

Bohrloch XI: km 104·945, Seehöhe 919 m.

0 — 0·3 m Verwitterungsboden
0·3— 2·5 m brauner Lehm mit Quarzitbrocken
2·5— 3·5 m glimmeriger Lehm, Quarzsand
3·5— 4·5 m brauner Quarzsand
4·5— 5·0 m grauer Quarzit
5·0— 6·5 m lichter Dolomit
6·5—13·5 m lichtgrauer Quarzit
13·5—18·0 m Rauhwacke, lichter Dolomit
18·0—20·2 m Semmeringdolomit, grauer Quarzit
20·2—21·0 m Semmeringquarzit
21·0—24·0 m Semmeringdolomit, Semmeringkalk, grauer Quarzit
24·0—26·0 m Semmeringdolomit

Eine übersichtliche Darstellung der Bohrungen findet sich im Gesamtprofil des neuen Tunnels im Maßstab 1 : 2500.

Aufschlüsse obertags [1])

Trotz der verhältnismäßigen Steilheit des ganzen Gebietes läßt die Verteilung der Aufschlüsse obertags manchen Wunsch offen. Ohne die Tunnelbauten hätten sie im Aufnahmsbereich keineswegs ausgereicht zur Aufklärung der Stratigraphie, schon gar nicht zu der der Tektonik. Dies liegt vor allem auch daran, daß ein Großteil der durch die intensive tektonische Beanspruchung außerordentlich mürben Gesteine sehr leicht verwittert, bzw. der Abtragung zum Opfer fällt und daher meist gerade die Schlüsselgebiete nur wenige Aufschlüsse zeigen.

Von den Hängen des Hirschkogels (südlich des Semmeringpasses) ist neben dem Barytvorkommen an seinem Westriegel lediglich die graue Dolomitbreccie in seiner unmittelbaren Umgebung erwähnenswert. Die oberen Teile des Hanges werden durchwegs von Semmeringquarzit gebildet, die unteren von Semmeringdolomit. Von den meist in sich verschuppten Einlagerungen bunter Dolomite und grauer Kalke finden sich im Semmeringdolomit im Nordostteil eine, und zwar unmittelbar unter den Quarziten, weiter im Westen zwei, von denen die obere, wieder unterhalb des Quarzites, die erwähnte Breccie führt. Der genaue Verlauf der tieferen Einlagerung wird nach NE zu von den aus einem Bergsturz herrührenden Quarzittrümmern verdeckt.

Die Semmeringfurche selbst ist weithin durch jüngere Auflagerungen sowie durch Verwitterungsmaterial bedeckt. Im unmittelbaren Talgebiet des Dürrbaches, in der Nähe seiner Umbiegungsstelle nach SW findet sich ein mächtiger Aufschluß mit Rauhwacken, die zweifellos in Verbindung mit denen vom Südportal des Tunnels stehen. Die übrigen Aufschlüsse sind nur wenig ausgedehnt und die Karte wurde durch die Tunnelaufschlüsse ergänzt. Wichtig sind die Vorkommen von Semmeringquarzit, weil sie in eine zwingende Verbindung mit den grauen Quarziten aus dem Tunnel zu setzen sind und daher deren Identifizierung ermöglichten. Bunte Schiefer und bunte Dolomite treten nur in kleinen Lamellen auf, ebenso Semmeringdolomit. Es paßt das gut zu dem Bild der Ausquetschungen und Verschuppungen, wie es sich aus den Tunnelaufschlüssen ergibt. Erst die mächtigen bunten Dolomite mit den überlagernden dunkelgrauen Kalken auf der Paßhöhe selbst und an ihrem Nordostabfall bringen wieder schöne Aufschlüsse (die Kalke insbesondere unmittelbar SE vom Hotel Panhans, W des Schwimmbades und S der Tunnelportale zwischen der kleinen Straße und der Zufahrt zum Hotel Panhans; die bunten Dolomite und Schiefer S der Tunnelportale gleich oberhalb der kleinen Straße, SE vom Hotel Panhans und wiederholt am direkten Fußweg von der Eisenbahnstation zum Hotel Panhans). Eine NW der Paßhöhe, an der kurzen Parallelstraße zur neuen Semmeringstraße, etwa zwischen dem Hotel Panhans und der Paßhöhe (P 985), während der Aufnahmsarbeiten zufällig offene Baugrube, zeigte schön das leichte Südostfallen in diesem Abschnitt und ergab damit auch obertags den Beweis für die wellige Struktur der Schichten innerhalb des Paßbereiches. Es handelt sich dabei um die „Bunte Serie" und Semmeringquarzite. Übrigens verzeichnet die alte Semmeringkarte (1 : 25.000) von F. Toula im entsprechenden Gebiet eine söhlige Lagerung der Schichten (südlich des „Pentacrinitenkalkes").

Die Hänge zum Pinkenkogel bieten wenig Abwechslung. Der südwestlichste Steinbruch liegt im Semmeringdolomit, der Steilabfall zur Straße davor zeigt Rauhwacken. Der Steinbruch oberhalb liegt im gelben Dolomit, stark durchsetzt mit rauhwackigen und silbrigphyllitischen Partien. Eine Strecke weiter E finden sich dunkelgraue Kalke vergesellschaftet, die die Grenze gegen den überlagernden normalen Semmeringdolomit bilden. Die bedeutende Mächtigkeit, die die bunten Dolomite hier erlangen, dürfte wahrscheinlich zum Teil auch auf eine Verschuppung mit normalen Semmeringdolomiten zurückzuführen sein, wie auch die mächtige eingelagerte Rauhwackenlinse andeutet. Anstehend konnten im ganzen fraglichen Bereich jedoch immer wieder nur die gelben „Marzipandolomite" gefunden

---

[1]) Bei den folgenden Angaben handelt es sich lediglich um Ergänzungen der kartenmäßigen Darstellung.

werden und keine Semmeringdolomite. Gleich oberhalb des Steinbruches beginnt dann die Herrschaft des Semmeringdolomites, die fast bis zum Gipfel des Pinkenkogels anhält. Die Gipfelpartie selbst wird eingeleitet von gelblichen Rauhwacken, auf die dunkle Kalke folgen. Ganz beim Schutzhaus zeigt sich noch eine kleine Deckscholle von Semmeringdolomit. Es liegt natürlich nahe, in den Rauhwacken Reste einer „Bunten Serie" zu sehen, denn die überlagernden Kalke gehören aller Wahrscheinlichkeit nach in die Gruppe der Rhätkalke, die oberste Semmeringdolomitscholle würde demnach den Beginn der nächsten Einheit andeuten. Aber bei den so mannigfachen Verschuppungen im Semmeringgebiet können solche Überlegungen nicht zwingend sein.

Der Südosthang des Kärntnerkogels (durch einen kontinuierlichen Kamm mit dem Pinkenkogel verbunden) zeigt eine wesentliche intensivere Verschuppung, deren Einzelheiten aus dem Kartenbild hervorgehen. Die meisten dieser Schuppen keilen nach SW zu aus, aber auch in der Schuppenzone selbst gibt es genug Abwechslung. Auffallend ist der verhältnismäßig hohe Anteil von grünen, serizitischen Schiefern in den Semmeringquarzitzügen. Am Nordwesthang des Kärntnerkogels, also dem äquivalenten Gebiet, ist lediglich durch eine Einlagerung dunkler Rhätkalke eine gewisse Gliederung gegeben, allerdings sind die Aufschlußverhältnisse nicht so günstig wie an dem von vielen Straßen und Wegen zerfurchten Südosthang. Kartenmäßig nicht ausgeschieden sind die gebänderten grauen Kalke an der Nordkurve der kurzen Verbindungsstraße Bahnhof—Hotel Panhans, die zusammen mit den üblichen dunkeln Kalken auftreten und ja nur sehr gering mächtig sind. Die Steinbrüche W und N vom Hotel Panhans liegen im Semmeringquarzit, der Steinbruch an der Straße vom Hotel Panhans weiter nach N im Semmeringdolomit.

Gesamtprofil

Um eine übersichtliche Darstellung der Aufschlüsse im Tunnel zu geben, wurden diese in einem Profil 1 : 2500 zusammengefaßt. Das Profil wurde ergänzt durch die Ergebnisse der Bohrungen und der Aufnahmen obertags. Von einer, nur subjektiv möglichen, Verbindung der einzelnen Schichten wurde abgesehen und lediglich der Zusammenhang der einzelnen Serien angedeutet. Eine Besprechung bzw. Verwertung erfolgt in den jeweiligen Spezialabschnitten.

Längsprofil des alten Tunnels

Vom Bau des alten Semmeringtunnels liegen zwei Längsprofile vor, die leider in vieler Hinsicht nicht übereinstimmen. Das eine wurde von F. Foetterle im ersten Jahrbuch der Geologischen Bundesanstalt, Wien 1850, veröffentlicht, ungefähr im Maßstab 1 : 4000 (ein genauer Maßstab ist nicht angegeben). Das zweite Profil fand sich in den Akten der Generaldirektion der Österreichischen Bundesbahnen und ist im Maßstab 1 : 865 angefertigt, offenbar von der damaligen Bauleitung. Stellenweise fehlen in beiden Profilen Abgrenzungen, die allerdings bei der enormen tektonischen Vermischung am Semmeringpaß wahrscheinlich zwangsläufig unterlassen wurden. Da die beiden Profile nicht nur innerhalb der Ergänzungen zwischen den kontinuierlichen Aufschlüssen (Tunnelausbruch und Schächte) abweichen, sondern mitunter auch in den Angaben über die Aufschlüsse selbst, wurden die beiden Profile auf den gleichen Maßstab umgezeichnet und der vorliegenden Arbeit beigegeben. Zusätzlich wurde versucht, ein objektives Bild der tatsächlichen Aufschlüsse zu entwerfen und auch dieses im gleichen Maßstab ausgeführt.

Die derzeit in Durchführung begriffenen Arbeiten zur Restaurierung des alten Tunnels, bei welchen die Sohle zur Gänze freigelegt wird, lassen erwarten, daß eine Klärung eventuell noch unklarer Punkte erzielt wird.

Sowohl aus den älteren Angaben als auch aus den zeichnerischen Darstellungen ist klar ersichtlich, daß es sich um die gleichen Gesteine wie beim neuen Tunnel handelt, was ja bei der geringen räumlichen Entfernung nicht verwunderlich ist.

Auch in tektonischer Hinsicht lassen sich unschwer die Beziehungen herstellen. Ganz allgemein läßt sich hier jedoch sagen, daß der alte Tunnel etwas mehr aus dem Muldenkern, bzw. der südöstlichen Schuppenzone herausgerückt ist und daher die tektonische Beanspruchung der Gesteine um ein weniges geringer ist. Dies hat seinen sinnfälligsten Ausdruck darin gefunden, daß es möglich war, den alten Tunnel weithin ohne Sohlgewölbe zu errichten.

Die Beziehungen zwischen altem und neuem Tunnel werden besonders augenfällig in einem lagerichtigen Grundrißplan der beiden Tunnelsohlen (siehe Beilage).

Querprofile

Da die Tunnelachse spitzwinkelig zum allgemeinen Streichen der Gesteine am Semmeringpaß verläuft, das Tunnellängsprofil daher immer erst in Gedanken gerafft werden muß, um zu einer übersichtlichen Vorstellung der Lagerung zu gelangen, wurde eine Serie von Querprofilen im Maßstab 1 : 10.000 (entsprechend dem der geologischen Karte) ausgearbeitet (siehe Beilage). Die Lage der einzelnen Profile ist der Karte zu entnehmen. Von der Eintragung einer detaillierten Gesteinsfolge innerhalb der einzelnen Serien wurde Abstand genommen. Eine Besprechung bzw. Verwertung der einzelnen Profile erfolgt jeweils in den entsprechenden Spezialkapiteln.

Stratigraphie [1])

Schon aus der Beschreibung des Tunnelprofiles und aus der der Aufschlüsse obertags geht deutlich hervor, daß einzelne Gesteine immer wieder zusammen auftreten. Selbst bei einer so intensiven tektonischen Einflußnahme wie am Semmeringpaß wird man zur Erklärung dieser Vergesellschaftung mit der Annahme einer bloß tektonischen Ursache nicht auskommen, womit die ersten stratigraphischen Anhaltspunkte gegeben sind, deren Folge die bereits während des Tunnelbaues geschaffene Einteilung in „Graue Serie" und „Bunte Serie" darstellt.

Dazu kommt, daß bei der Betrachtung eines größeren Abschnittes doch gewisse Gesetzmäßigkeiten in der Aufeinanderfolge einzelner Gesteine zu beobachten sind, wenngleich man hier mitunter „statistische Methoden" anwenden muß.

Faßt man diese beiden Resultatgruppen zusammen mit den Beobachtungen an den Aufschlüssen der weiteren Umgebung, so ergibt sich eine zusammenhängende Schichtfolge, von der einzelne Horizonte auch durch Fossilien (insbesondere durch die Funde von F. Toula und H. Mohr) belegt sind. Diese Schichtfolge paßt sich harmonisch in die bisherigen, jedoch lückenhaften Vorstellungen ein.

Das tiefste Glied der ganzen Schichtfolge, die kristalline Unterlage, ist im unmittelbaren Bereich des Semmeringpasses nicht aufgeschlossen, wurde auch durch die Tunnelbauten nicht angefahren.

Da schon im unmittelbaren Semmeringgebiet drei verschiedene tektonische Einheiten übereinander auftreten (siehe nächstes Kapitel) und keine von ihnen ihre kristalline Unterlage mitbringt, zeigt es sich, daß die jüngeren Auflagerungen eine verhältnismäßig selbständige Tektonik besitzen, was vielleicht gewisse Rückschlüsse auf die Art ihrer Zugehörigkeit zum Kristallin zuläßt.

Die tiefste Serie aller am Semmeringpaß auftretenden Einheiten stellt die Semmeringquarzitgruppe dar (im Aufnahmsbereich maximal 150 *m* mächtig). Sie besteht aus basalen Quarzkonglomeraten (erst im Fröschnitzgraben aufgeschlossen), übergehend in Quarzsandsteine und Quarzite, weiß bzw. farblos, grün, rosarot (im Aufnahmsbereich selbständig maximal 30 *m* mächtig). Arkosepartien sind selten. In diesen Quarzgesteinen stecken

---

[1]) Es werden mit voller Absicht nur die im Arbeitsbereich auftretenden Gesteine berücksichtigt. Untersuchungen in einem weiteren Gebiet werden zweifellos eine Verfeinerung der Stratigraphie ermöglichen.

stark umgewandelte Eruptivgesteine, meist als Porphyroide bestimmt, möglicherweise auch basischere Typen. Sie finden sich vorwiegend in den tieferen Horizonten (im unmittelbaren Tunnelbereich sind sie nicht vertreten), während in den höheren Partien häufig Einlagerungen von grünen und grauen, mehr oder weniger phyllitischen Tonschiefern auftreten (im Aufnahmsbereich selbständig maximal 15 m mächtig).

Die Semmeringquarzitgruppe findet sich weit verbreitet sowohl obertags als auch im Tunnel, dort allerdings tritt die bunte Färbung meist zurück gegenüber einer stumpfen, lichten, grünlichgrauen.

In der untersten tektonischen Einheit des Semmeringpasses sind diese tiefsten Schichten nicht aufgeschlossen, hingegen haben sie einen bedeutenden Anteil am Aufbau der mittleren Einheit. In der obersten Einheit sind sie wohl vertreten, aber nicht sehr mächtig und oft auskeilend.

Die Semmeringquarzitgruppe stellt zweifellos ein Äquivalent der permotriadischen Unterlage der Kalkalpen dar.

Die folgenden Schichten werden von Semmeringdolomit und Semmeringkalk aufgebaut (im Aufnahmsbereich zusammen maximal 200 m mächtig). Es handelt sich dabei um den normalen und in diesem Gebiet weitverbreiteten Karbonattyp, bei dem Dolomit und Kalk oft unmerklich ineinander übergehen. Verschiedene Fossilfunde haben alle jüngeren Autoren veranlaßt, für diese Gesteine ein anisisch-ladinisches Alter anzunehmen.

Sie finden sich insbesondere in der untersten und obersten Einheit, wo sie bedeutende Mächtigkeiten erreichen, sind aber auch in der mittleren vorhanden, allerdings nur lamelliert.

Etwas unterschiedlich von ihnen sind Einlagerungen von grauen bis graublauen Kalken (z. B. bei km 104.950 des neuen Semmeringtunnels; im Aufnahmsbereich maximal 5 m mächtig), die zwar nur spärlich auftreten, aber doch einen Hinweis auf einen Gutensteiner Horizont darstellen. Im Aufnahmsbereich beschränken sie sich auf die unterste Einheit.

Verknüpft mit Semmeringdolomit und Semmeringquarzit finden sich häufig Rauhwacken, meist linsenförmig, mitunter aber auch ganz erhebliche Partien ausmachend (im Aufnahmsbereich maximal 30 m mächtig). Im allgemeinen bevorzugen sie die oberen Teile der Semmeringquarzitgruppe bzw. schieben sich zwischen Semmeringquarzit und Semmeringdolomit. Da es sich dabei durchwegs um tektonisch entstandene Rauhwacken handelt, die nicht zwangsläufig einen eigenen stratigraphischen Horizont andeuten müssen, können sie ganz allgemein in die untere Trias gestellt werden, wobei jedoch ihr stellenweise verhältnismäßig hoher Kalkgehalt, der dann wohl über eine sekundäre Anreicherung hinausgeht, sowie ihre häufige Lokalisierung zwischen Semmeringquarzit und Semmeringdolomit auf einen kalkigen ladinischen Horizont hindeuten.

In einiger Mächtigkeit finden sie sich nur in der untersten und obersten Einheit, während die mittlere kaum einige Schmitzen aufweist. Letztere Tatsache weist offenbar auf die innige Zusammengehörigkeit der Rauhwacken mit den Semmeringdolomiten hin, die ja ebenfalls in der mittleren Einheit nur spärlich vertreten sind.

Die karnische Stufe wird häufig eingeleitet durch weiße Quarzite, immer in Verbindung mit der „Bunten Serie", häufig zwischen dieser und dem Semmeringdolomit (z. B. bei km 104·150 des neuen Semmeringtunnels, im Aufnahmsbereich maximal 5 m mächtig), dann folgt die „Bunte Serie" (im Aufnahmsbereich maximal 100 m mächtig), bis zum Rhät reichend, eine intensiv vermischte Folge von bunten phyllitischen Tonschiefern (rotbraun, violett, grün, schwarz, silbriggrau, wobei die grüne Farbe, wie schon mehrfach erwähnt, in den meisten Fällen als eine sekundär gewordene zu gelten hat; im Aufnahmsbereich für sich allein maximal 20 m mächtig) und bunten Dolomiten (weiß, gelb, braun, rosa, orange, violett; im Aufnahmsbereich für sich allein maximal 25 m mächtig), stellenweise rauhwackig, häufig gebankt, wobei die Schiefer die tieferen Partien bevorzugen, aber die

Vermischung so intensiv ist, daß eine strenge Trennung aussichtlos erscheint. Es handelt sich zweifellos auch schon um eine primäre Wechsellagerung.

Zur Frage der Zugehörigkeit des Gipses, zur Semmeringquarzitgruppe oder zur „Bunten Serie" (wahrscheinlich in beiden!) konnte im Aufnahmsbereich nichts beigetragen werden, da dort kein Gips auftritt.

Karnische und norische Schichten sind im Aufnahmsbereich fast nur auf die mittlere und untere Einheit beschränkt, mächtigere Dolomitzüge praktisch nur auf die mittlere.

Das Rhät ist wieder fossilführend nachgewiesen, und zwar mit dunkelgrauen, meist dünnbankigen Kalken (im Aufnahmsbereich maximal 20 m mächtig), selten bänderig ausgebildet, die wahrscheinlich auch noch bis in den Lias reichen. Oft besitzen sie einen erheblichen Tongehalt und gehen dann über in mehr oder weniger phyllitische graue Tonschiefer (im Aufnahmsbereich für sich allein maximal 15 m mächtig). Stellenweise finden sich auch dunkelgraue bis schwarze dolomitische Partien (im Aufnahmsbereich maximal 2 m mächtig). Die Tonschiefer ihrerseits wieder gehen häufig durch Zunahme des Quarzgehaltes in graue Quarzsandsteine und Quarzite (im Aufnahmsbereich für sich allein maximal 10 m mächtig) über.

Mitunter gewinnen die grauen Quarzsandsteine ein merkwürdig glasiges Aussehen (z. B. bei km 103·794 des neuen Semmeringtunnels), insbesondere dann, wenn die begleitenden Tonschiefer eine sehr dunkle Färbung annehmen. Die dunkle Färbung der Tonschiefer geht häufig so weit, daß man an kohlige Anteile denkt. Da jedoch keine abdestillierbaren Bestandteile nachweisbar waren, ist sie offenbar lediglich durch graphitische Einschlüsse bedingt.

Sowohl in den Tonschiefern als auch in den Quarzsandsteinen macht sich häufig ein geringer Pyritgehalt bemerkbar.

Da diese Gesteinsglieder die höchsten der am Semmeringpaß vorhandenen tektonischen Einheiten darstellen und die tiefsten Glieder der jeweils überschobenen Einheiten ebenfalls aus Quarziten und phyllitischen Tonschiefern bestehen, wird es verständlich, daß eine Trennung nicht in jedem einzelnen Fall möglich ist, insbesondere bei einer so intensiven Verschuppung, wie sie hier die Regel ist.

Reine Kalke sind am mächtigsten in der mittleren Einheit vertreten. Bei den Schiefern und Quarzsandsteinen macht die intensive Verschuppung mit der Semmeringquarzitgruppe quantitative Aussagen natürlich schwer, sie scheinen am meisten in der mittleren und unteren Einheit vertreten zu sein.

Am Nordhang des Hirschkogels findet sich noch ein zusätzliches Gestein, ebenfalls über der „Bunten Serie", und zwar eine dunkelgraue Dolomitbreccie, die man am ehesten als Liasbreccie auffassen könnte. Es handelt sich um ein einmaliges Vorkommen von ganz geringer Ausdehnung (etwa 5 m mächtig) in unmittelbarer Nachbarschaft des von H. P. Cornelius auf Blatt Mürzzuschlag eingezeichneten dunklen Crinoidenkalkes mit Quarzgeröllen.

Das Gestein gehört der mittleren Einheit an.

Höherer Jura und Kreide sind im Aufnahmsbereich nicht vertreten.

Tertiär findet sich in Form miozäner Schotter (kristallines, meist plattiges, schwach gerundetes Material) an der Überbauterrasse zwischen Dürrgraben und Fröschnitztal (maximale Mächtigkeit im Aufnahmsbereich 3 m).

Ein fragliches Äquivalent des kohleführenden Miozäns der weiteren Umgebung wurde beim Voreinschnitt zum Südportal des neuen Tunnels angetroffen. Es handelt sich um stark glimmerige, lettige Schichten mit Torfresten in selbständiger Lagerung. Zweifellos könnte es sich aber auch um teilweise umgeschwemmte Schieferultramylonite handeln. Weder Makro- noch Mikrofossilien wurden gefunden, die eine Entscheidung hätten bringen können. Die Mächtigkeit übersteigt kaum einmal 1 m.

Diluvialreste dürften sowohl am Nordwesthang des Fröschnitztales auftreten als auch an der Südwestabdachung des Semmeringpasses selbst. Hier wurde, ebenfalls bei den

Arbeiten am südlichen Voreinschnitt, ein zäher Blocklehm angefahren, der große Ähnlichkeit mit einer Grundmoräne besitzt. Aber selbst gekritzte Geschiebe hätten keine entscheidende Aussage erlaubt, da es sich dabei ja auch um genau so aussehende tektonische Gerölle hätte handeln können. Die maximale Mächtigkeit beträgt 5 m.

Bachalluvionen sind auf der Südwestabdachung des Semmeringpasses weit verbreitet (maximal 2 m mächtig), eine ganze Reihe von kleinen Gerinnen sorgt für immer neue Zufuhr. Naturgemäß handelt es sich dabei um Material aus der nächsten Umgebung, also meist Quarzite und Dolomite.

Letzteres gilt auch für den Hangschutt, der insbesondere auf den steileren Hängen und auch an der Nordostabdachung des Semmeringpasses fast überall vorhanden ist.

Ein größerer Bergsturz mit Semmeringquarzit aus dem Jungherrenwald, der bis über die alte Semmeringstraße hinunterreicht, ist heute größtenteils schon wieder überwachsen.

Das gleiche gilt für die Halden vom alten Tunnelbau.

Die jüngeren Ablagerungen sind auf einer eigenen Karte zusammengestellt.

Bei einem Überblick der stratigraphischen Folge zeigt sich sofort, daß ein direkter Vergleich mit dem Unterostalpin der westlicheren Ostalpen auch in stratigraphischer Hinsicht nicht möglich ist, abgesehen von dem unterschiedlichen tektonischen Baustil. Die kristalline Unterlage ist anders ausgebildet, es fehlt der sogenannte „varistische Flysch" der Radstädter Tauern, mittlere und obere Trias und Jura sind in weitem Maße unterschiedlich (eine Zusammenstellung der Schichtfolge aller unterostalpinen Gebiete der Ostalpen findet sich bei W. J. Schmidt, 1950, ebenso für die mittelostalpinen Gebiete).

Eine weitgehende Übereinstimmung ergibt sich hingegen mit den tatrischen, insbesondere den hochtatrischen Decken der Karpathen. D. Andrusov und A. Matejka beschreiben 1931 von dort:

Kristallin: Granite, Migmatite, Ortho- und Paragneise;

Skyth: quarzitische Sandsteine und Quarzite, dunkle Mergel, bunte Schiefer, brecciöse Kalke;

Anis-Ladin: mehr oder weniger dolomitische Kalke, manchmal Einlagerungen bunter Schiefer aus den höheren Partien;

Karn-Nor: quarzitische Sandsteine, rötliche und grünliche Schiefer mit Einlagerungen von Dolomiten;

Rhät: schwarze Schiefer und Korallenkalke, Quarzsandsteine;

Lias: Kalke, graue und weißliche grobe Sandsteine, Quarzsandsteine, dunkle detritische Kalke, Crinoidenkalke und Dolomite mit sandigen Zwischenlagen;

höhere Schichtglieder: verschiedene Kalke.

1938 beschreibt D. Andrusov von den hochtatrischen Decken:

Kristallin: Granite, Migmatite, Ortho- und Paragneise;

Skyth: Quarzite, Sandsteine und Konglomerate, bunte Schiefer mit Einlagerungen von Sandstein, Zellendolomite;

Anis-Ladin: dolomitische Kalke;

Karn-Nor: bunte Schiefer und Dolomite;

Rhät: mitunter fehlend, mitunter Schiefer und Kalke;

Lias: Sandsteine, dunkle Hornsteinkalke;

höhere Schichtglieder: verschiedene Kalke.

In den Kleinen Karpathen ergeben sich (Vergleich nach D. Andrusov 1938) folgende Abweichungen: der permotriadische Grenzhorizont setzt schon tiefer im Paläozoikum an, zwischen ihn und die Dolomitgruppe schiebt sich ein Gutensteiner Horizont, Rhät fehlt durchwegs, Lias besteht aus dunklen sandigen Kalken und Crinoidenkalken.

Zweifellos zeigen sich auch gewisse Analogien zu den Pieniden der Karpathen. D. Andrusov (1938) gibt von ihnen folgende Stratigraphie:

Kristallin: grüne Alkaligranite, Granitporphyre, Orthogneise, Phyllite;
Karbon: Porphyre, Sandsteine;
Skyth: Werfener Schichten mit Melaphyrergüssen;
Anis-Ladin: Dolomite;
Karn-Nor: „karpathischer Keuper" (Sandsteine, Konglomerate, bunte Schiefer, Gips);
Rhät: Kalke und Mergel;
Lias: fleckige Kalke und Mergel, Sandsteine, Crinoidenkalke und Schiefer;
höhere Schichtglieder: verschiedene Kalke, zum Teil kieselig.

Schließlich ergeben sich auch manche Anklänge an die Graniden der Karpathen und es seien daher auch die Angaben von D. Andrusov (1938) über dieses Gebiet gebracht (insbesondere auch deshalb, da die betreffenden Arbeiten derzeit nicht leicht zugänglich und in sehr verschiedenen Sprachen abgefaßt sind):

Kristallin: Orthogneise, Arthoamphibolite, Diaphthorite;
Perm: Arkosen, Sandsteine, Konglomerate, Schiefer;
Skyth: bunte Schiefer und Sandsteine, Zellendolomite;
Anis-Ladin: graue Dolomite;
Karn-Nor: Lunzer Schichten (Schiefer und Sandsteine), Dolomite, karpathischer Keuper;
Rhät: Kalke und Schiefer, Lumachellen, Oolith- und Korallenkalke;
Lias: Schiefer, Sandsteine, Crinoidenkalke, fleckige Kalke und Mergel;
höhere Schichtglieder: verschiedene Kalke, einschließlich kieseliger und radiolaritischer Glieder.

Schließlich sei aber auch hingewiesen auf manche Übereinstimmung mit den nördlichen Kalkalpen und auch mit der germanischen Entwicklung, welch beide Gebiete aber als so weit bekannt vorausgesetzt werden, daß sich eine gesonderte Anführung ihrer Schichtfolge erübrigt.

Da ein Vergleich nicht unmittelbar zusammenhängender Gebiete immer subjektiv gefärbt ist, wurde absichtlich ein größerer Überblick gegeben, damit sich der Leser selbst ein Bild machen kann.

Tektonik [1])

Daß an jedem Paß mit tektonischen Komplikationen gerechnet werden muß, ist nicht schwer vorauszusagen, sonst wäre ja wahrscheinlich gar kein Paß vorhanden. Immerhin gibt es Unterschiede in dem Grad der tektonischen Beanspruchung und ein so extremes Ausmaß wie am Semmeringpaß dürfte wohl zu den Ausnahmen zu rechnen sein.

Trotz dieser, besonders anfänglich, verwirrenden Mannigfaltigkeit der tektonischen Erscheinungen gelang es, mit der Zeit gewisse Gesetzmäßigkeiten zu erkennen, die aufscheinenden Wirkungen zu gruppieren und im Verein mit der Stratigraphie eine tektonische Gliederung durchzuführen.

Es existieren im Semmeringgebiet drei tektonische Einheiten, die übereinandergeschoben sind. Das regionale Streichen verläuft WSW—ENE, der regionale Bewegungssinn steht senkrecht dazu, SSE—NNW. Alle drei Einheiten besitzen im Untersuchungsbereich nur Semmeringmesozoikum, ohne kristalline Unterlage. Ihre jeweilige Verbreitung und Schichtfolge ist aus den Karten und Profilen ersichtlich.

Im Gesteinsbestand der einzelnen Einheiten innerhalb des Aufnahmsbereiches sind folgende Eigenheiten zu verzeichnen. Von der tiefsten Einheit (allgemein mit 1 bezeichnet) sind

---

[1]) Siehe die tektonischen Profile vom alten und neuen Tunnel, die Querprofile und das tektonische Schema.

Gesteine der Semmeringquarzitgruppe nicht aufgeschlossen. Die oberste Einheit (allgemein mit 3 bezeichnet) weist Gesteine der Semmeringquarzitgruppe nur in einzelnen schmächtigen, verschuppten und immer wieder auskeilenden Zügen auf. Die mittlere Einheit (allgemein mit 2 bezeichnet) hingegen besitzt Gesteine der Semmeringquarzitgruppe in großer Mächtigkeit. Die Semmeringdolomitgruppe (einschließlich Rauhwacken und sonstiger kleinerer Einlagerungen) ist sehr mächtig vertreten in den Einheiten 1 und 3, in 2 hingegen nur spärlich und lamelliert. Von der „Bunten Serie" finden sich in Einheit 1 hauptsächlich Schiefer, die Dolomite meist nur als tektonische Gerölle, in Einheit 2 sowohl Schiefer als auch Dolomite, mit einem Übergewicht der letzteren. In Einheit 3 ist die „Bunte Serie" nur fragmentarisch vertreten oder überhaupt unsicher. Rhät-Lias findet sich in allen drei Einheiten, insbesondere die Kalke, während die Sandsteingruppe der obersten Einheit im Aufnahmsbereich praktisch fehlt. Auf die Schwierigkeiten der Abtrennung letzterer Gesteinsgruppe von der Semmeringquarzitgruppe wurde bereits wiederholt hingewiesen (die beiden Gesteinsgruppen liegen sehr oft jeweils als höchster bzw. tiefster Horizont der entsprechenden tektonischen Einheiten übereinander). Die dunkelgrauen Dolomitbreccien beschränken sich auf die tiefste Einheit. Höhere stratigraphische Horizonte, abgesehen von jüngsten Ablagerungen, sind nicht vorhanden.

Ein Überblick über die regionale Verbreitung der einzelnen Einheiten (siehe tektonische Übersichtskarte) zeigt, daß die höheren Teile des Hirschenkogels von Einheit 2 gebildet werden, an seinen tieferen Hängen kommt darunter Einheit 1 zum Vorschein, wird am Beginn der Tiefenfurche wieder von Einheit 2 überfahren, die ihrerseits im zentralen Abschnitt eine kleine Deckscholle der Einheit 3 trägt und dann am Anstieg zum Pinkenkogel—Kärntnerkogel zur Gänze unter Einheit 3 verschwindet.

Zusätzliche Verschuppungen, sowohl innerhalb der drei Einheiten selbst als auch zwischen ihnen, sind aus den entsprechenden Profilen ersichtlich. Die Teilung in Untereinheiten könnte beliebig weit getrieben werden, bringt allerdings keinen Nutzen.

Eine schematische Skizze der Lagerungsverhältnisse im Paßbereich gibt Fig. 21. Wie weit sich diese Ausbildungsform nach NE bzw. SW erstreckt, kann nicht festgestellt werden, da an den beiden Abdachungen des Passes, nach NE und SW, die betroffenen Schichten ausgeräumt bzw. zugeschottert sind. Es ist aber zweifellos die Annahme einer weitreichenderen Erstreckung berechtigt.

Die großen Schubflächen zwischen allen drei Einheiten fallen, regional betrachtet, einheitlich, mehr oder weniger flach nach NNW. Sie sind eine Folge der großtektonischen Vorgänge im ganzen Bereich des Alpennordostspornes. Diese regionalen Überschiebungen für sich allein reichen nicht aus, die intensiven tektonischen Komplikationen im Semmeringpaßgebiet zu erklären. Dazu bedarf es eines zusätzlichen Faktors mit zusätzlichen Wirkungen, wobei man die ganzen damit zusammenhängenden Erscheinungen am besten in dem Begriff der „Sekundärtektonik" zusammenfaßt. Es ergibt sich zwangsläufig die Annahme, daß die großräumige Überschiebung der einzelnen Semmeringeinheiten im Raum des Semmeringpasses gestört wurde. Als Ursachen dafür kommen drei Dinge in Frage. Erstens ein besonderes morphologisch und gesteinsmäßig bedingtes Hindernis bei der Annahme einer Reliefüberschiebung (letztere wäre ja bei der verhältnismäßig oberflächentektonischen Natur der betreffenden Bewegungsvorgänge durchaus denkbar). Diese Vorstellung findet jedoch in der Art der tektonischen Komplikationen und ihrer Reichweite wenig Stützen. Zweitens wäre es denkbar, daß im Verlauf der Überschiebungsvorgänge und des Transportes über doch wahrscheinlich ganz erhebliche Strecken das verschiedene mechanisch-technologische Verhalten der Gesteine (es handelt sich doch um in dieser Hinsicht so verschiedene Gesteine, wie Quarzite, Tonschiefer, Dolomite und Kalke) eine Anhäufung bzw. Ausquetschung einzelner Gesteinspartien und dadurch eine gewisse Sekundärtektonik bedingt hätte. Diese Annahme wird gestützt dadurch, daß tatsächlich solche Ansammlungen bzw. Ausquetschungen im Aufnahmsbereich vorhanden sind (siehe die entsprechenden Profile). Allerdings kann man einwenden, daß die Anhäufungen bzw. Ausquetschungen erst Folgeerscheinungen der tektonischen Komplikationen darstellen. Drittens wäre es denkbar, daß gewisse, uns unbekannte Faktoren in tieferen Krustenbereichen die tektonischen Komplikationen bedingten. Gestützt werden diese letzten Überlegungen dadurch, daß ja die bekannte, heute noch aktive Mürztaler Erdbebenlinie zum Semmeringpaß hinführt. (Inwieweit Erdbeben im einzelnen tatsächlich auf regionalgeologische Vorgänge zurückzuführen sind, kann die Geologie allein nicht mehr entscheiden. Im allgemeinen läßt sich aber bei immer wiederkehrenden Erdbeben in einem bestimmten Gebiet doch annehmen, daß es sich um solche Vorgänge handelt.) Aller Wahrscheinlichkeit nach tritt eine, sich möglicherweise gegenseitig noch steigernde Kombination von Fall 2 und 3 auf.

Betrachtet man nun die Einwirkungen der tektonischen Vorgänge auf die Gesteine im einzelnen, so zeigen sich folgende Erscheinungen: großwellige Verbiegungen; Kleinfältelungen innerhalb der Großfalten und durch sie hindurchgehend; verschiedene Kluftsysteme, durch die Großfalten durchschneidend, im Semmeringdolomit bis zur Grusbildung führend; extreme Pressungserscheinungen, bis zu Staubsand führend, in Verbindung mit Kleinfältelungen; Klüfte, die durch alle anderen tektonischen Erscheinungen durchschneiden. Sowohl das jeweilige Ausmaß dieser einzelnen Erscheinungen und ihr Vorkommen mitunter nur in bestimmten Gesteinen als auch ihr jeweiliger Richtungssinn bestätigen diese Gruppierung. (Die stärkst beanspruchten Zonen sind in den tektonischen Profilen vom alten und neuen Tunnel eingezeichnet.)

Die Trennung der tektonischen Erscheinungen in einzelne Gruppen gibt gleichzeitig die Möglichkeit einer Trennung der einzelnen tektonischen Phasen.

Die großwelligen Verbiegungen (Faltendurchmesser bis zu einigen Zehnern von Metern) sind deutlich sichtbar nur in der Semmeringquarzitgruppe. Sie stellen die erste nachweisbare Phase dar und gleichzeitig die einzige, bei der es sich nicht um eine unmittelbare Oberflächentektonik handelt. Trotz der stellenweise später erfolgten extremen Zerpressung zeigen sie die von ihr betroffenen Gesteine wiederholt noch — scheinbar — vollkommen unversehrt erhalten und die Zerpressung zu Grus und Staub wird erst beim Lösen sichtbar. Die Gesteinspartien, die diese Wellen aufweisen, sind durchwegs in Schollen zerlegt und zweifellos mehrfach verstellt, sodaß sich der ursprüngliche Richtungssinn nicht mehr ableiten läßt. Wie weit diese Verbiegungen in die dolomitische Trias hineinreichen, ist nicht zu erkennen, da die spröden Dolomite, insbesondere auch bei den vielen anderweitigen tektonischen Einflüssen, keine sicheren Aussagen zulassen.

Die nächste Phase zeigt sich in verschiedenen Kluftsystemen, die ganz allgemein schräg zu der Hauptbewegungsrichtung, also NNE bis N und WNW bis W, verlaufen (die „Querstörungen" der Aufnahmsbeschreibung). Normal zur Streichrichtung stehende Klüfte sind verhältnismäßig selten. Bei den vielerlei, niemals auf größere Strecken verfolgbaren Störungen lassen sich einzelne Kluftpaare kaum eindeutig zusammenstellen, aber es ist ganz zweifellos, daß es sich hier jeweils um Kluftsysteme handelt, die zu dem allgemeinen Vorschub bzw. Zusammenschub in Beziehung stehen. Ihr statistisch gemittelter Öffnungswinkel in der Richtung der tektonischen Kräfte ist verhältnismäßig groß, an die 70°, was auf ein gewaltiges Ausmaß der wirkenden Kräfte schließen läßt. Der aus den Klüften sich ergebende Richtungssinn läßt sich ohne Schwierigkeiten mit der regionalen Streichrichtung in Verbindung bringen. Die Richtung der übrigens verhältnismäßig seltenen Striemungen auf den Schieferungsflächen paßt ebenfalls gut zu diesen Bewegungsvorstellungen (z. B. bei km 103·848 des neuen Tunnels fallen sie in graugrünen Schiefern mit 5° nach 255°).

Im Semmeringdolomit führt diese Phase bis zu Zerbrechungen in der Größenordnung von Grus. Die Erscheinungen dieser Phase machen sich in allen vorhandenen Gesteinen (ausgenommen die jüngsten Ablagerungen) bemerkbar.

In der nächsten Phase gehen zwei Erscheinungen Hand in Hand. Eine außerordentlich intensive Zerpressung der Gesteine (Ultramylonitbildung, die Eigenschaften der betroffenen Gesteine wurden bereits im Kapitel „Die Ultramylonite" beschrieben), die bis zur Bildung von Staubsand führt (natürlich mit allen Übergängen, beginnend mit einem immer engständiger werdenden Kluftsystem, z. B. sehr schön verfolgbar in den violetten Dolomiten bei km 104·175 des neuen Tunnels) und eine intensive Verfältelung der dazu fähigen Gesteine, also der Schiefer. Größere Falten, die Verwechslungen mit der ersten Phase bringen könnten, sind zwar vorhanden, aber verhältnismäßig selten und innerhalb der Schiefer, nicht wie im anderen Fall innerhalb der Semmeringquarzite. Die spröderen Gesteine werden in der jüngeren Phase fast immer zerrissen und zerlegt in einzelne, kleinere oder größere Linsen. Die einzelnen Faltenzüge passen sich dabei den jeweilig vorhandenen kompakten Gesteinsbrocken in ihrem Verlauf an (siehe Detailprofile). Die Ausbildung tektonischer Gerölle (Quarzit- oder Dolomitbrocken, bis kopfgroß, meist aber viel kleiner, etwa nußgroß, mit einer zerkratzten Schieferhaut, analog den glazialen gekritzten Geschieben), oft ganzer Geröllhorizonte, ist immer wieder zu beobachten. Dabei sind die Gerölle infolge der Schutzwirkung der Schiefer meist mehr oder weniger unzerpreßt erhalten (eine ähnliche Schutzwirkung dürfte die Ursache für den völlig unversehrten Erhaltungszustand mancher Teile von Quarzgängen inmitten intensiv verfalteter Schiefermassen sein). Die Quarzite (vielfach sekundäre Quarztrümmer) erlangen dabei eine mehr unregelmäßige gerundete Form, die Dolomite (fast nur aus der „Bunten Serie") eine mehr elliptische. Während die älteren Kataklasen oft schon wieder mit Kalkspat verheilt sind, findet man diese Erscheinung bei den eben beschriebenen Zerbrechungen nicht.

Die letzte Phase endlich, zeitlich wohl nicht sehr verschieden von der vorherigen, umfaßt Störungen, die durch alle anderen tektonischen Erscheinungen durchschneiden, Harnische, Lassen, Verschiebungen, alle mehr oder weniger saiger stehend, schwarze Lassen häufig auch söhlig, und in der Richtung des regionalen Streichens verlaufend (siehe Fig. 10; sehr häufig in der ganzen Strecke von km 104·700 bis 105·000 im neuen Tunnel oder z. B. bei km 104·420 mit 80° nach 330 fallend, Striemung söhlig). Es sind hier keine ausgesprochenen Kluftpaare vorhanden, sondern alle Störungen verlaufen mehr oder weniger parallel (z. B. sehr schön sichtbar in den grauen Sandsteinen bei km 104,548 des neuen Tunnels, in dem sich nur sehr engständige Klüfte, mit 85° nach NNW fallend, finden). Es hat somit den Anschein, daß es sich um seitliche Ausquetschungen handelt. Dazu würde gut die söhlige Striemung auf den Harnischflächen passen. Seitliche Ausweichmöglichkeiten sind an den beiden Abdachungen des Semmeringpasses ja gegeben, wo sich dann diese Erscheinungen obertags mit Hangrutschungen vereinigen könnten und damit natürlich nicht mehr abtrennbar wären.

Eine Ausnahme von der allgemeinen Lagerung machen kleine Verschiebungen in den Semmeringdolomiten vor km 105·000 des neuen Tunnels, die steil nach NE fallen und deren Harnische söhlige bis schwach nach SE fallende (Abbeugung nach SE!) Striemen aufweisen. Allerdings könnte es sich hier wohl auch um ältere Anlagen handeln, obwohl sie durch den Dolomitgrus schneiden, da sich ja gerade in den Semmeringdolomiten verschiedenste Kluftsysteme häufig überkreuzen. Daneben treten aber jedenfalls auch die zu erwartenden Kluftrichtungen auf, so z. B. bei km 104·982, mit 70° nach NE fallend und mit söhligen Striemen.

Aus der Natur der beiden letztgeschilderten Phasen sowie ihrer Ursachen, auf die gleich nochmals eingegangen werden wird, geht hervor, daß sie sich, insbesondere die ältere, über sehr lange Zeiträume erstreckt haben müssen und keineswegs zwangsläufig mit regionalen, zeitlich abgrenzbaren gebirgsbildenden Phasen in Verbindung gesetzt werden können. Letzteres kann nur mit den beiden davor geschilderten Phasen geschehen. Es liegt in der Natur der Sekundärtektonik, daß sie in ihren Voraussetzungen wohl auf eine gebirgsbildende Phase zurückgeht, aber dann unabhängig sich weiterentwickelt, vorausgesetzt natürlich, daß sie dafür die nötige Ruhe hat, also keine neuerlichen gebirgsbildenden Phasen wesentlich auf sie einwirken. Ein tatsächliches Andauern der Einwirkung der ursprünglichen gebirgsbildenden Kräfte bei der Sekundärtektonik ist meist schon deshalb gar nicht möglich, da, wie z. B. auch am Semmeringpaß, die betroffenen Gebirgspartien ja gar kein Hinterland mehr haben, das einen eventuellen Zusammenschub vermitteln könnte, da das Hinterland ja bereits durch tiefe Ausräumungsfurchen zerschnitten wurde. Der Unterschied gegenüber Hangrutschungen ist durch die Größenordnung gegeben, Hangrutschungen beschränken sich auf eine morphologische Einheit, ebenso Bergzerreißungen, während es sich bei der Sekundärtektonik um umfassendere Erscheinungen handelt.[1])

Mit der Annahme einer Sekundärtektonik könnte aber auch der Unterschied zwischen den drei letzten Phasen überhaupt in Zweifel gezogen werden. Dem widersprechen jedoch die Verhältnisse in der Natur, denn die unterschiedliche Ausbildung der tektonischen Einflüsse spricht zweifellos für einen gewissen zeitlichen Ablauf und damit für eine Aufrechterhaltung der Trennung. Die ganzen Vorgänge sind so vorzustellen, daß wohl die Anlage zu der sekundären Tektonik zusammenfällt mit dem Hauptvorschub bzw. darauf zurückgeht, daß sie sich aber erst später richtig entwickelte und vor allem andauerte, auch als die Haupttektonik schon beendet war. Gerade für diese Erscheinung soll ja der Begriff der Sekundärtektonik verwendet werden. Nicht für Teilerscheinungen einer allgemeinen großen gebirgsbildenden Tektonik, sondern für selbständig gewordene „Nachwehen" einer solchen.

Richtung und Größe der derzeit noch wirkenden Kräfte am Semmeringpaß sind in Fig. 21 schematisch eingezeichnet. Die Gebirgsmassen des südöstlichen Gebietes (Hirschkogel usw.) gleiten auf den mehr oder weniger steil nach NNW geneigten Schichtflächen abwärts, also nach NNW, in die Mulde des Semmeringpasses hinein, bohren sich in die Tiefe und bedingen dadurch eine ständig intensiver werdende Verbiegung ihres Vorlandes, bzw. der überlagernden Schichten. Es ist dies der eindeutige Ansatz zu einer Unterschiebung. Dementsprechend hat der südöstliche Bereich des Semmeringpaßgebietes auch die Tendenz, abzusinken. Sehr schön paßt zu diesen Vorstellungen die Ausquetschungszone und die extreme Zerpressung der Gesteine in dieser Eindringungszone im Südosten und die Gesteinsanhäufung, insbesondere der „Bunten Serie" weiter im Norden und Nordwesten, sowie deren verhältnismäßig geringere tektonische Beanspruchung.

Die nordwestliche Gebirgsscholle (Pinkenkogel, Kärntnerkogel usw.) tendiert zwar im allgemeinen ebenfalls zu einer Abgleitung entlang ihrer Schichtflächen in Richtung NNW, übt aber schon infolge ihres bloßen Gewichtes doch auch einen gewissen Druck nach rückwärts auf das Tiefengebiet des Semmeringpasses aus, drückt dessen Südostscholle also noch mehr in die Tiefe, bzw. schiebt die oberen Teile der dortigen Falte weiter nach rückwärts. Naturgemäß ist diese Kraftkomponente nicht so mächtig wie die der südöstlichen Gebirgsscholle.

Aus diesen Überlegungen geht hervor, daß die Sekundärtektonik im Semmeringpaßgebiet also sowohl durch Bewegungen im Verein mit Massenwirkung (Südostscholle) zustande kommt als auch durch Massenwirkung (Nordwestscholle) allein, wobei letztere einerseits als Widerlager, anderseits als zusätzliche Verstärkung wirkt.

Einzelne Verstellungen mit relativem Absinken nach SE zeigen sich wiederholt direkt mit der Lage der Striemung auf Querklüften, z. B. in der Rauhwacke bei km 105·014 des neuen Tunnels (Streichen 373°, saiger, mit leicht nach SE geneigten Striemen).

Mit diesen Vorstellungen in Übereinstimmung stehen vor allem aber auch die beobobachteten Einwirkungen des Gebirgsdruckes auf die Stollenzimmerung. Es zeigte sich immer wieder ein stärkerer Druck auf den Nordwestulm, immer wieder eine Schiefstellung der Türstöcke der Zimmerung in der Art, daß die südöstlichen Steher relativ absanken (sichtbar z. B. in Bild 11, 12), sehr deutlich aber auch von km 103·936 bis 103·942 des neuen Tunnels und km 103·976 bis 103·982, zusammen mit einer besonders intensiven Zerpressung der Gesteine), und daß sich die ganzen Türstöcke häufig zum Südportal hin umneigten — Tatsachen, die mit den normalen Erwartungen des größeren Druckes von der Bergseite (also NE) her in

---

[1]) Ähnliche Überlegungen finden sich z. B. bei H. Mohr, 1938, der diese Erscheinungen als „posthume Ausgleichsakte" bezeichnete.

Widerspruch kamen. Die im nächsten Kapitel eingehender besprochene stellenweise Verschiebung der Fixpunkte zum Südostulm hin gehört zu den gleichen Erscheinungen.

Aus allen diesen Beobachtungen und Überlegungen geht klar hervor, daß die Bewegungen auch heute noch andauern und auch weiterhin andauern werden, da die Verbiegungs- bzw. Unterschiebungszone ja weiter vordringen wird mit allen ihren Folgeerscheinungen und höchstens eine utopische Abtragung der beiden angrenzenden Bergkämme die sichtbare Ursache für die tektonischen Komplikationen beseitigen könnte. Da aber die heute noch aktive Erdbebenlinie des Mürztales (mit allen bereits beschriebenen daran geknüpften Überlegungen) zeigt, daß auch im tieferen Untergrund noch keine Beruhigung eingetreten ist, bleibt selbst für diese Utopie keine Überzeugungskraft.

Für den Tunnelbau jedenfalls ergibt sich die Tatsache, daß „endgültige Lösungen" in diesem Bereich nicht möglich sind.

Gebirgsdruck

Wenn man den Angaben über den beim Bau des neuen Semmeringtunnels aufgetretenen Gebirgsdruck die von J. Stini, 1950, gegebene Einteilung zugrunde legt (in Überlagerungsdruck = Belastungsdruck = Schweredruck; in Rutschungsdruck = Lehnenschub = Hangschub; in tektonischen Druck = Gebirgsdruck im engeren Sinn = Gebirgsbildungsdruck = echter Gebirgsdruck; in Umwandlungsdruck = Quellungsdruck; in Auflockerungsdruck = Ausbruchdruck = Lösungsdruck = Auffahrungsdruck = Zerstörungsdruck), so zeigt sich, daß alle diese Arten von Gebirgsdruck auftraten.

Rutschungsdruck trat insbesondere beim Bau des Südportales, bzw. den damit in Verbindung stehenden Baumaßnahmen auf, während er bei den Bauten am Nordportal durch entsprechende Vorsichtsmaßnahmen praktisch völlig vermieden wurde. Die näheren Umstände über das Auftreten der Hangrutschungen an der Südwestabdachung des Semmeringpasses sind in der Beschreibung der Aufnahmen im Tunnel, sowie in den Kapiteln „Tektonik", „Technische Angaben" und „Baugeschichte" dargestellt. Zusätzlich zu der allgemeinen tektonischen Position, der damit verbundenen extremen Zertrümmerung der Gesteine, der morphologischen Situation, den obertägigen Wasserverhältnissen und der ungünstigen Lagerung der Schichten (Schieferultramylonite als Gleitunterlage) kam eine unvermeidbare Unterschneidung des Hanges, die eine sofortige Entlastung der vorhandenen Stützmauer und anschließend die Errichtung einer neuen notwendig machte. Infolge der sofort einsetzenden Maßnahmen traten keinerlei besonderen Schwierigkeiten auf. Ob eine geringe Senkung des an das Südportal anschließenden ersten Mauerringes nach NE zu mit diesen Hangrutschungen in Zusammenhang steht, kann schwer entschieden werden. Irgendein etwa schon zu korrigierendes Ausmaß erreichte diese Erscheinung nicht.

Die übrigen Arten des Gebirgsdruckes greifen mit ihren Erscheinungen so ineinander, daß sie besser jeweils an Hand dieser besprochen werden.

Folgende Druckerscheinungen traten während des Baues des neuen Semmeringtunnels auf: Auftreten feiner Risse an Ulmen, Firste und Sohle im Gestein; Nachbrüchigkeit mancher Gesteinspartien; Schalenbildung in manchen Gesteinspartien, hauptsächlich parallel zu den Ulmen; allseitiges, langsames Eindringen mancher Gesteinspartien in den Stollen; verhältnismäßig rasches Eindringen mancher Gesteinspartien, zeitlich und örtlich beschränkt; Sohlenauftrieb fast im ganzen Bereich des Tunnels, in der Größe und im zeitlichen Ablauf jedoch sehr unterschiedlich; relatives Absinken jeweils eines Stehers bei Türstockzimmerung; Schiefstellung ganzer Türstöcke in der Stollenlängsrichtung; Deformation der Tonnenzimmerung; Verstellungen einzelner Teile des Tunnelmauerwerkes; Stauchungen in den Zimmerungshölzern; Knickungen in der Türstockzimmerung; Absprengungen vom fertigen Mauerwerk.

Diese Erscheinungen gruppieren sich ganz allgemein in zwei große Gruppen, bedingt durch unterschiedliches Gesteinsmaterial und unterschiedliche tektonische Beanspruchung.

Die eine Erscheinungsgruppe trat vornehmlich in der „Grauen Serie" des Nordabschnittes auf, die zweite in der „Bunten Serie", mit vorherrschenden Schiefern, im Südabschnitt. Da der absolute, mengenmäßige Gesteinsbestand dieser beiden Abschnitte ja nicht so wesentlich variiert, besitzen die tektonischen Einflüsse dabei den wesentlicheren Einfluß. Dabei liegt aber auch hier der Unterschied nicht so sehr in der absoluten Beanspruchungsdifferenz, als vielmehr darin, daß im Nordabschnitt noch Verspannungen im Gebirge vorhanden sind und die auch nach Auffahrung der Stollen erhalten blieben, während im Südabschnitt diese Verspannungen stellenweise nur minimal vorhanden sind und in vielen Fällen nach Auffahren der Stollen gänzlich zusammenbrachen. Der Grund zu diesem unterschiedlichen Verhalten liegt vor allen darin, daß im Norden noch größere zusammenhängende Gesteinspartien vorhanden sind, während im Süden eine intensive Vermischung stattgefunden hat. Dadurch kamen tektonischer Druck und Überlagerungsdruck praktisch ohne Einschränkung zur Geltung.

Nachbrüchigkeit, in ihrem geringsten Ausmaß durch feine Risse angedeutet, trat fast nur in der „Grauen Serie" auf, mit ihrer relativ groben Gesteinsvermengung. Sie wurde zweifellos hervorgerufen durch die Ausbruchsvorgänge, besonders durch die Sprengungen, dann wirkten aber auch mit Überlagerungsdruck, tektonischer Druck und Quellungsdruck. Die bereits vorhandene allgemeine Zertrümmerung der Gesteine hätte zweifellos auch bei einem langsameren und schonenderen Vortrieb einen Auffahrungsdruck bewirkt. Wiederholt machte sich diese Druckerscheinung erst einige Zeit nach dem Auffahren bemerkbar, nach Überwindung der noch vorhandenen Verspannungen, aber vor allem infolge des erst langsam zur Geltung kommenden Quellungsdruckes (allmähliche Wasseraufnahme der tonigen Minerale aus der Stollenluft).

Die meist verhältnismäßig raschen Einbrüche (z. B. Fig. 3) zerpreßter und stark vermischter Gesteinsmassen (der größte mit zirka 200 m^3 in der Kalotte bei km 104·180, Bild 6, eine ausführliche Darstellung findet sich bei der Beschreibung der Aufnahmen im Tunnel) gehen auf die gleichen Ursachen zurück, mit einer Verschiebung des Schwerpunktes vom Auffahrungsdruck weg und im Falle der nassen Einbrüche mit einer zusätzlichen Betonung des Wasserdruckes (z. B. km 104·180), im Falle der trockenen Einbrüche (z. B. km 104·400) besonders auf die allmähliche Überwindung der Verspannungen zurückgehend. Letztere verliefen wesentlich langsamer und stellen einen Übergang zu den Erscheinungen in den Schieferultramyloniten dar.

Auch die Knickungen der Türstockzimmerung in diesem Gebirgsbereich gehören zu dem gleichen Erscheinungskreis.

Gemeinsam ist allen diesen Erscheinungen, daß sie wohl eine gewisse Steigerung aufwiesen, aber dann allmählich abklangen und weiter keine Schwierigkeiten bereiteten. Ein einmaliges Nachreißen der Sohle und eine einmalige Auswechslung oder Ergänzung der Zimmerung genügte in den meisten Fällen. Der zeitliche Ablauf dieser Erscheinungen ist den Diagrammen über die Sohlenhebung in diesen Strecken sehr schön zu entnehmen (Fig. 18, 19).

Der Sohlenauftrieb, praktisch im ganzen Tunnelbereich vorhanden (in den Strecken der Schieferultramylonite aber ganz anders verlaufend, nämlich ohne viel Intensitätsunterschiede bis zur völligen Schließung des Hohlraumes fortschreitend und auch in der Geschwindigkeit sehr unterschieden, hier bis zu 2 cm pro Tag, dort das gleiche Ausmaß maximal pro Woche), geht ebenfalls auf eine Kombination von Überlagerungsdruck, Auffahrungsdruck, Quellungsdruck und tektonischem Druck zurück, mit dem Schwerpunkt wohl entschieden auf dem Überlagerungsdruck. Augenfällig ist in dieser letzteren Hinsicht der Einfluß des Kalottenausbruches und des Ausbruches der Widerlager (Fig. 18, 19). Die Einflußnahme dieser zeitlich getrennten Ausbruchsvorgänge zeigt aber auch, daß sich eine Verspannung um den Hohlraum in diesem Bereich ausbildet, die durch die neuerlichen Eingriffe jeweils gestört wird.

Die zweite Gruppe von Druckerscheinungen fällt zusammen mit dem Vorherrschen der Schieferultramylonite. Die Gesteinsmassen drangen dabei langsam, aber unaufhörlich in den Stollen ein, bis der Hohlraum völlig geschlossen war, wie dies bei Vortriebsunterbrechungen ja auch tatsächlich eintrat. Bei den in Betrieb befindlichen Strecken war ein ständiges Nachnehmen nötig, das sich aber sowohl durch die mengenmäßig durchaus bedeutende Entnahme als auch wegen der dadurch bedingten zusätzlichen Bewegungen im Gebirge außerordentlich ungünstig und auf das Eindringen erheblich beschleunigend wirkend erwies.

Die ersten Druckerscheinungen nach dem Auffahren einer neuen Strecke machten sich in einer Verstellung der Geleise bemerkbar. Damit kündigte sich die Sohlenhebung an, die dann später auch das größte Ausmaß aller Erscheinungen erreichte. Im Anfangsstadium traten in der Sohle auch feine Risse auf, die später völlig verschwanden (infolge der Umwandlungserscheinungen). Die folgenden, ohne weiteres sichtbaren Aufwölbungen der Sohle bewirkten ein Herausdrücken der Längsschwellen und ihre Anpressung an die Steher. Zugleich machte sich an den Ulmen eine grobe Aufblätterung parallel zu den Grenzflächen (Bild 7) bemerkbar (offenbar ein Versuch des Gebirges, eine gewisse Verspannung zu erzielen). Diese Erscheinung wurde jedoch bald dadurch verdeckt bzw. beendet, daß sich die gesamte Umgebung des Stollens in eine zähplastische Masse verwandelte (Bild 8), in der Hauptsache wohl durch eine gewisse Wasseraufnahme der tonigen Minerale aus der Stollenluft, aber auch dadurch, daß bei der schon vorhandenen Zerpressung der Schiefer die nunmehr geschaffene Bewegungsmöglichkeit in den Stollen hinein eine Auflösung des bis dahin wegen des allseitigen Druckes noch aufrechterhaltenen Verbandes bewirkte (Bild 9, 10, 16). Damit war jegliche Verspannung im Gebirge zusammengebrochen und dieses verhielt sich praktisch wie ein plastisches Medium, bei dem dann Überlagerungsdruck und tektonischer Druck in ihrer ganzen Größe zur Geltung kamen.

Daß bei diesen kolossalen Beanspruchungen die Türstockzimmerung nicht standhalten konnte, ist leicht verständlich (Fig. 9, Bild 11, 12, 14, 15). Es trat dabei nicht nur eine Knickung der einzelnen Zimmerungselemente auf, sondern, z. B. bei den Tiranten, welche bei den Kämpfern der fertigen Kalotte eingezogen wurden, auch eine Stauchung, die, wie weiter unten näher ausgeführt werden wird, einen gewissen Rückschluß auf die Mindestgröße des aufgetretenen Druckes ermöglicht. Um diesem kolossalen Druck zu begegnen, in Hinsicht auf Wirtschaftlichkeit des Vortriebes, vor allem aber auch, um das sehr ungünstige ständige Nachnehmen zu vermeiden, wurde eine besondere Zimmerung (Tonnenzimmerung) entwickelt, deren nähere Beschreibung im Kapitel „Technische Angaben" erfolgt (Fig. 15, Bild 17). Diese Tonnenzimmerung brachte auch den gewünschten Erfolg, allerdings mußten gewisse Unbequemlichkeiten in der Stolleneinrichtung in Kauf genommen werden. Deformationen traten jeweils erst nach dem Kalottenausbruch auf (Bild 18) in der Form eines Ausweichens nach oben, entsprechend der eingetretenen dortigen Entlastung.

Wie bereits erwähnt, wurde in diesem Bereich von einem selbständigen weiten Vortrieb des Richtstollens abgesehen und jeweils so rasch als möglich der Vollausbau des Tunnels nachgezogen (siehe auch Kapitel „Baugeschichte").

Über die Geschwindigkeit der eindringenden Schiefermassen lassen sich folgende Angaben machen. Sobald die Phase der Plastizität erreicht war (bis dahin hatten sich die Ausmaße des Eindringens in kaum merklichen Dimensionen bewegt), was nach zwei bis drei Tagen der Fall war, stellte sich ein kontinuierlicher Auftrieb der Sohle um etwa 2 *cm* im Tag ein. Die Bewegungen an den Ulmen erreichten kaum die Hälfte. Bei einer später in der Mauerung ausgebrochenen Öffnung (*km* 104·800), Durchmesser etwa 1·5 *m*, erfolgte das Eindringen der Schiefermassen mit einer Geschwindigkeit von 4 *cm* pro Tag (nach freundlicher Mitteilung von Herrn Zentralinsp. Dipl.-Ing. P. Scherber der Österreichischen Bundesbahnen). Während der Vortriebsunterbrechung bei *km* 104·760, die sechs Monate gedauert hatte, ergab sich unter Berücksichtigung der Nachnahmen eine Gesamthebung der Sohle von rund 2 m. Ein zeitlicher Rhythmus bzw. ein Abklingen in diesem doch ganz erheblichen Zeitraum trat nicht ein. Hinter der Verdämmung hatte sich in diesem Zeitraum der Stollen vollständig geschlossen.

Bei der Betrachtung dieser Erscheinungen ist es klar, daß zwar Auffahrungs- und Quellungsdruck eine gewisse auslösende bzw. beschleunigende Rolle spielen, daß aber die tatsächlichen Druckerscheinungen auf Überlagerungs- und tektonischen Druck zurückzuführen sind. Dabei ist jedoch der Anteil des Überlagerungsdruckes keineswegs überragend, da die Überlagerungshöhe in diesem Bereich nur etwa 35 m beträgt. Wie oben schon ausgeführt, wurden aber in Einzelfällen die Tiranten (versetzt zwischen den Kämpfern der fertigen Kalotte) nicht nur ausgeknickt, sondern auch gestaucht. Zur Stauchung dieser Tiranten (40 cm Durchmesser, Entfernung 1·5 m) ist eine Kraft von 320 t je l/m Gewölbe erforderlich. Diese Kraft wird durch den Überlagerungsdruck in diesem Bereich keineswegs erzielt und auch der Quellungsdruck erreicht sicherlich nicht so hohe Werte. Es ergibt sich daher der zwingende Schluß, daß der Haupteinfluß bei diesen Druckerscheinungen von der Tektonik ausgehen muß.

Es sind aber auch direkte Hinweise auf den tektonischen Druck vorhanden. Dazu gehört z. B. das relative Absinken der südöstlichen Steher mancher Türstöcke (Bild 11), die stärkere vertikale Verdrückung der Türstöcke nach SE (Bild 12), die häufige Umlegung der Türstöcke zum Südportal hin, die Verschiebung einzelner Fixpunkte bei Stollenvermessung zum Südostulm, im extremsten erfaßten Fall in 5 Wochen um 46 mm, die Verstellungen im Tunnelmauerwerk, Verschiebungen einzelner Formsteine um etliche Zentimeter, aber auch Verschiebungen ganzer Kalottenringe bis zu 200 mm nach SE, aber auch relative Senkungen der Kalottenringe bis zu 100 mm, damit verbunden Absprengungen im Mauerwerk, insbesondere an Ringfugen (Fig. 17, Bild 19, 20). Nach Herstellung des vollen Mauerwerkes kamen alle diese Erscheinungen zum Stillstand.

Bei der genauen Betrachtung dieses tektonischen Druckes ergeben sich nun einige Schwierigkeiten mit den üblichen Auffassungen dieses Begriffes. Im Kapitel „Tektonik" wurde gezeigt, daß es sich bei den derzeit vorhandenen tektonischen Erscheinungen um eine Sekundärtektonik handelt, eventuell beschleunigt durch tiefere Krustenvorgänge, wie sie sich auch in der Erdbebenlinie des Mürztales zeigen. Es erscheint daher auch für den Begriff des tektonischen Gebirgsdruckes in diesem Zusammenhang eine engere Fassung notwendig. Dies empfiehlt sich umsomehr ganz allgemein, als die Vorstellungen über die Ursachen der Gebirgsbildung, die diese auslösenden Erscheinungen und die Art und Weise der gebirgsbildenden Vorgänge selbst keineswegs gesichert oder auch nur einheitlich sind. Neben den Vorstellungen über Auspressungen und Verschluckungen existieren vollkommen abweichende Gleithypothesen, Oszillationstheorien usw., wobei auf die Vorstellungen über die Ursachen dieser Vorgänge, Kontinentaltrift, Erdkontraktion, radioaktive Vorgänge usw., erst gar nicht näher eingegangen werden soll. Schon aus diesen kurzen Darstellungen sieht man, daß der Begriff des tektonischen Gebirgsdruckes im allgemeinen zu weit gefaßt ist, als daß man ihn vorläufig tatsächlich in technische Vorstellungen, geschweige denn Maßnahmen, einbeziehen könnte. Aber so wie sich bei der Tektonik die Abtrennung der Sekundärtektonik von den etwas vagen Vorstellungen über die allgemeine gebirgsbildende Tektonik für die technische Betrachtung sehr nützlich erwies, so empfiehlt sich dies auch in entsprechender Weise für die Überlegungen, den tektonischen Gebirgsdruck betreffend. Tatsächlich übt doch auf die Erscheinungen des gesamten tektonischen Gebirgsdruckes, z. B. im Semmeringpaßgebiet, die Sekundärtektonik heute den maßgeblichen Einfluß aus, die durch die sich möglicherweise in den gelegentlichen Erdbeben manifestierende gebirgsbildende Tektonik, oder vorsichtiger gesagt, tieferen Krustenvorgänge, praktisch doch nur beschleunigt wird. Eine Abtrennung der damit verbundenen Erscheinungen als sekundärtektonischer Gebirgsdruck ist daher vollkommen angebracht und löst die tatsächlich vorhandenen und verfolgbaren Erscheinungen aus einem Wirrwarr sehr vager Vorstellungen heraus.

Inwieweit durch die Erdbeben direkte Verstellungen hervorgerufen werden, ist natürlich kaum zu entscheiden. Da solche Verstellungen obertags in diesem Bereich jedoch nicht nachweisbar auftreten, haben sie auch für das Gebirgsinnere nicht viel Wahrscheinlichkeit.

Bei einer allgemeinen Betrachtung zeigt es sich, daß es sich praktisch bei allen unseren Bauvorhaben, die sich in den obersten Erdschichten abspielen, im wesentlichen um einen solchen sekundärtektonischen Gebirgsdruck handelt, insbesondere bei Tunnels, die doch immer Verbindungen durch morphologische Erhebungen darstellen, sich also in einem durch Tiefenfurchen zerteilten Gebiet finden. Tatsächlich gebirgsbildende Tektonik könnte sich vielleicht am ehesten in tiefliegendem Bergbau bemerkbar machen, wo aber dann ja ganz andere Verhältnisse vorhanden sind, die nicht mehr in dem Rahmen der vorliegenden Abhandlung zu betrachten sind.

Inwieweit sich etwa ein Zusammenschub tiefliegender Krustenteile auf höhere, zerteilte Einheiten auswirkt, wird zwar zu einem gewissen Teil von der relativen Schichtlagerung beeinflußt sein können (steil in die unteren, bewegten Teile hinabreichende Schichten werden eher gewisse Erscheinungen übertragen), aber ein großer Einfluß wird sich zweifellos nicht ergeben. Zertalte Gebirgsteile besitzen nur mehr ihre Sekundärtektonik, die durch tiefere Krustenvorgänge nur beschleunigt werden kann. Erst mit dem Eintritt einer neuen gebirgsbildenden Phase kann sich dieses Bild ändern.

Unter sekundärtektonischem Gebirgsdruck wird hier also der Gebirgsdruck verstanden, der wohl durch Bewegungen ausgelöst wird, aber nur eine Funktion der Größe, Eigenschaften und Lage der einflußnehmenden, sich bewegenden (Schwerkraft) und nicht bewegt werdenden (durch Gebirgsbildung) Gebirgsmasse darstellt. Die Unterschiede gegenüber Lehnenschub und Bergzerreißung liegen, wie bei der Sekundärtektonik, in der Größenordnung. Es beteiligen sich daran jeweils mehrere morphologische Einheiten. Tatsächliche gebirgsbildende Kräfte sind nur insofern beteiligt, abgesehen von einer etwa beschleunigenden Wirkung, als sie die Voraussetzungen für die Situationen schufen, die den sekundärtektonischen Gebirgsdruck, oft erst im Gefolge der Abtragung, auslösen. Die Schwerkraft spielt dabei die positive Rolle, Gesteinsfestigkeit und Verspannungen die negative, die Wirkung der Schwerkraft vermindernde Rolle. Die maximal mögliche Größe des sekundärtektonischen Gebirgsdruckes ist daher so wie der Überlagerungsdruck, zumindest theoretisch, berechenbar, nur muß man zusätzlich die Lageverhältnisse und allfällige weitere Eigenschaften (entsprechend den Methoden der Erdbaumechanik) berücksichtigen. Der tatsächlich zur Wirkung kommende Anteil des sekundärtektonischen Gebirgsdruckes ist jedoch nicht mehr direkt berechenbar. Zu seinen jeweiligen Feststellungen müssen daher Hilfsmittel herangezogen werden, die allerdings auch nicht diesen sekundärtektonischen Druck für sich allein direkt erfassen können, sondern den zur Geltung kommenden Gesamtdruck. Solche Verfahren sind z. B. direkte Druckmessungen in unterirdischen Hohlräumen (die aber vorläufig meist zu kostspielig sind, zumindest für unsere Verhältnisse), dann Berechnungen aus der Art und Größe der Kluftsysteme, wie sie neuerlich von L. Müller und C. Torre durchgeführt werden oder die vom Verfasser ausgearbeitete Methode [1]) auf Grund des Vergleiches der Größenverteilung der Kluftkörper mit entsprechend experimentell gewonnenen Daten. Bei den indirekten Methoden muß natürlich zusätzlich die Frage entschieden werden, wie weit die gefundenen Werte auch heute noch wirksam sind, bzw. in naher Zukunft wirksam sein werden.

Sämtliche Methoden, auch die direkt messenden, sind mit Fehlerquellen behaftet, die erst noch zu eliminieren sind, vor allem sind sie aber nicht universell anwendbar. Verfasser hofft, daß es ihm gelingt, mit seiner neuen Methode in absehbarer Zeit so viele Er-

---

[1]) Angaben über die experimentelle Durchführung finden sich bei W. J. Schmidt, 1950, Zsch. D. Geol. Ges., und 1952, Pap. XIX. Int. Geol. Congr. (im Druck).

fahrungen gesammelt zu haben, daß die Unsicherheitsfaktoren, die vor allem auf die bisher zu geringe Zahl von experimentellen Daten zurückgehen, so weit bereinigt werden können, daß eine verläßliche Möglichkeit geschaffen ist. Eine größere Versuchsreihe mit den Gesteinen aus dem neuen Semmeringtunnel wird derzeit durchgeführt, worüber an anderer Stelle berichtet werden wird.

Wasserverhältnisse

Es liegt in der Natur eines Passes, daß in seinem Gebiet obertägige Wasserläufe erst entstehen. So haben wir es auch am Semmeringpaß nur mit kleinen, ständigen Gerinnen zu tun und auch das nur an der verhältnismäßig flacheren Südwestabdachung. Zwei ständige Gerinne führen vom tieferen Südostabhang des Pinkenkogels ins Fröschnitztal, bzw. münden in den Fröschnitzbach, und zwar eines W des Strandbades (Silberer-Quelle) und das zweite direkt S des Pinkenkogels. Sie kommen beide aus dem Überschiebungshorizont (Semmeringdolomit) oberhalb der mächtigen „Bunten Serie", der übrigens eine ganze Reihe weiterer Quellen aufweist, die zum Teil auch zur Wasserversorgung herangezogen werden.

Im Tiefengebiet der eigentlichen Südwestabdachung des Passes findet sich eine ganze Menge kleinster Gerinne, mit einem zentralen Bächlein. Abgesehen von letzterem handelt es sich durchwegs um nicht ständig wasserführende Rinnen, die auch keinen fixen Lauf haben, aber doch beträchtliche Umlagerungen innerhalb der jüngsten Ablagerungen bewirken.

Am Nordwesthang des Hirschkogels zeigen sich lediglich einige kleine Quellen, wieder in dem Überschiebungshorizont über der „Bunten Serie", diesmal im Quarzit, verschwinden aber meist bald wieder unter dem Hangschutt, bzw. Bergsturzmaterial.

Die Nordostabdachung des Semmeringpasses weist ebenfalls keine ständigen Wasserläufe auf, erst unterhalb des Bahnhofes sammelt ein kleiner Nebenlauf des Myrtenbaches die verstreuten unsteten Gerinne.

Schon aus der Darstellung der Wasserverhältnisse obertags geht deutlich hervor, daß einzelne Gesteinszonen stark wasserführend sein müssen. Bei der einfacheren Tektonik der an den Paß grenzenden Hänge zeigt sich eindeutig der Unterschied zwischen Wasserstauer und Wasserträger. Bei den komplizierten tektonischen Verhältnissen am Paß selbst sind natürlich auch die Wasserverhältnisse im Gebirge nicht so übersichtlich. Es ist nicht nur eine Trennung in größere wasserführende und wasserstauende Horizonte unmöglich, denn diese Gesteinshorizonte sind ja in der intensivsten Weise miteinander verschuppt und verfaltet, sondern weite Gebirgsstrecken weisen überhaupt eine allgemeine Durchfeuchtung auf. Dementsprechend kam es während der Tunnelbauten auch nicht zu plötzlichen mächtigen Wassereinbrüchen, überhaupt war die Wasserschüttung an einzelnen Punkten niemals besonders groß (maximal 6 l/sec, km 104·830, Bild 4) und flaute auch immer sehr rasch ab. Hingegen summierte sich das mitunter sehr heftige Tropfwasser über längere Strecken zu ganz ansehnlichen Mengen und war im Verlauf des Baues wiederholt außerordentlich unangenehm, steigerte sich mitunter sogar zu einem heftigen Regenguß. Wo die während des Baues ja nur schwierig ständig erhaltbare allgemeine Neigung der Sohle (es sei dabei nur an die ständigen Sohlenhebungen erinnert) auch nur für kurze Zeit verlorenging, traten sofort erhebliche Wasseransammlungen auf.

Trotz dieser oft über lange Strecken im Tunnel anhaltenden allgemeinen Feuchtigkeit zeigte sich ein deutlicher Unterschied in der Wasserwegsamkeit der einzelnen Gesteine, wenngleich diese auch niemals größere Wassermengen aufspeichern können (schon weil sie dazu jeweils eine zu geringe Ausdehnung haben). Es bedarf keiner besonderen Betonung, daß zu den wasserwegsamen Gesteinen die zerklüfteten und zerdrückten Quarzite in erster Linie zählen und die Dolomite. Das ganze Gebirge ist demnach infolge der intensiven Vermischung der einzelnen Schichten und deren Zerreißungen und Verfaltungen mit wasserführenden Gesteinslinsen durchsetzt, zwischen denen die Schiefer eine durchlaufende Verbindung und damit Anhäufung größerer Wassermengen verhindern. Daß ein gewisser Austausch natürlich trotzdem erfolgt, ist selbstverständlich, sonst könnte ja in die tieferen Partien überhaupt kein Wasser gelangen, nur geht diese Wanderung verhältnismäßig langsam vor sich. Das Verhalten der einzelnen Gesteinspartien in bezug auf ihre Wasserführung geht aus den Eintragungen in den Detailprofilen, bzw. den entsprechenden Erläuterungen hervor und bedarf keiner Wiederholung. Bei den Mengenangaben an vereinzelten Austrittspunkten handelt es sich um die anfängliche Schüttung, die meist bald erheblich zurückging. Tropfwasser und allgemeine Feuchtigkeit hingen blieben fast immer unverändert.

Während des Betonierens wurde das eindringende Wasser mittels Teerpappen abgeleitet.

Die Maßnahmen zur Trockenhaltung des fertigen Bauwerkes bewegen sich in zwei Richtungen. Einmal in der möglichst vollständigen Erfassung und Ableitung des in unmittelbarer Nähe der Tunnelröhre auftretenden Wassers, und dann in einer möglichst vollständigen Isolierung der inneren Bauteile[1]). Daß eine Außenisolierung bei den Gebirgsverhältnissen am Semmeringpaß praktisch nicht durchführbar war, dürfte aus der Schilderung der Gebirgsverhältnisse wohl hervorgehen. Es wird dieses Problem jedoch noch einmal im Kapitel „Technische Angaben" berührt. Im gleichen Kapitel wird auch die Isolierung sowie die Art ihrer Anbringung ausführlich geschildert, sodaß sich ein Eingehen darauf hier erübrigt. Es sei nur kurz vermerkt, daß es sich um freiliegende, verschweißte Bahnen eines gummiähnlichen Kunstproduktes handelt, die zwischen Tragmauerwerk und Innenverkleidung durchlaufend bis zur Schwellenhöhe eingebracht wurden.

Zur Erfassung und Ableitung des Wassers aus der unmittelbaren Umgebung der Tunnelröhre wurde deren Mauerwerk in der Nähe der Sohle in kurzen Abständen (alle 3 m) nach der Fertigstellung perforiert (Durchmesser 45 mm) und das damit erfaßte Wasser wird in einem Sohlenkanal (siehe Fig. 14) abgeleitet. Bei Abschluß der Arbeiten zeigte im Durchschnitt nur etwa jede zwanzigste Röhre eine Wasserführung. Zusätzlich dazu wurden alle Stellen, wo nach der Betonierung auf der Innenseite Naßflecken auftraten, angebohrt und das Wasser ebenfalls gefaßt dem Sohlenkanal zugeleitet. Die Naßstellen wurden mit Sikamörtel verputzt. Zum Aufbringen der Innenisolierung mußte die Innenfläche des Tragmauerwerkes vollkommen trockengelegt werden, was auch ohne weiteres gelang.

Durch die außerordentlich sorgfältigen Maßnahmen dürfte es zu hoffen sein, daß die Wasserschäden in diesem, sich über große Erstreckung praktisch wie ein Schwamm verhaltenden Gebirge auf ein Minimum herabgesetzt werden. Die Intensität des Wasserzudranges wird vielleicht drastisch sichtbar auf den Photographien, die die Sintergalerien des aus dem Beton in ganz kurzer Zeit ausgeschwemmten Kalzites zeigen (Bild 21).

Daß die im Tunnel aufgetretenen Wässer ständig auf etwaige aggressive Bestandteile untersucht wurden, ist selbstverständlich; es wurden jedoch weder Sulfate, noch sonstige schädliche Beimengungen gefunden.

Der Einfluß der Wasserführung, bzw. auch des durch sie eventuell geschaffen reduzierenden Mediums auf die Verfärbungen der Gesteine wurde bereits wiederholt betont, sodaß sich ein nochmaliges Eingehen erübrigt.

Veränderungen in der Wasserführung obertags durch die neuen Tunnelbauten konnten in keiner Weise festgestellt werden. Einerseits ist dies ja auch aus den Lagerungsverhältnissen heraus nicht zu erwarten, bzw. aus den Verhältnissen der obertägigen Entwässerung, zum anderen wurden die Verhältnisse obertags, soweit überhaupt möglich, zweifellos schon durch den Bau des alten Semmeringtunnels mit seinen vielen, als ausgezeichnete Drainagen wirkenden Schächten, verändert (Bild 5), und der Bau des neuen Semmeringtunnels hatte kaum irgendwelche zusätzlichen Wirkungen.

---

[1]) Genauere Angaben über die Maßnahmen zur Trockenhaltung des Tunnels finden sich insbesondere in den beiden Arbeiten von B. Ostersetzer.

Wärmeerscheinungen

Irgendwelche auffälligen Wärmeerscheinungen wurden beim Bau des neuen Semmeringtunnels nicht beobachtet. Bei der geringen Überlagerungshöhe und dem Fehlen jeglicher vulkanischer oder etwa radioaktiver Erscheinungen sind solche auch nicht zu erwarten. Dazu kommt, daß schon die reichliche Wasserführung weitergehendere Temperaturunterschiede verhindert. Eventuell mögliche geringe Temperaturerhöhungen im zentralen Abschnitt wurden sofort überdeckt durch die Abbindewärme der nacheilenden Kalottenbetonierung.

Technische Angaben [1])

Die Lage der beide Portale war durch die Geländegestaltung und die bestehenden Bahnanlagen gegeben (siehe Karte). Sie schließen fast unmittelbar östlich an die Portale des alten Tunnels an, wobei das südliche ein Stück vorgezogen ist. Die Tunnelachse wird dann beidseitig so rasch als möglich 97 m von der Achse des alten Tunnels weggeführt und verläuft in dieser Entfernung parallel zu ihr. Der weite Abstand wurde gewählt, um Komplikationen in den Druckverhältnissen zu vermeiden. Der Verlauf der beiden Tunnels ist aus der beigegebenen Karte ersichtlich.

Das Nordportal befindet sich bei km 103·567,5, das Südportal bei km 105·079,0, der neue Semmeringtunnel hat somit eine Länge von 1511,5 m.

Der nördliche Sohlstollen wurde bei km 103·543,9 angeschlagen, der südliche bei km 105·112,5, der Sohlstollen hat somit eine Länge von 1568,6 m, um 57·1 m mehr als der Tunnel.

Das Längsprofil ist dachförmig gestaltet mit einer beiderseitigen Neigung von $4^0/_{00}$. Die Seehöhe der Sohle bei den Portalen beträgt 893 m, der Scheitel der Tunnelsohle bei km 104·306 erreicht 896 m.

Die Dimensionen der Tunnelröhre und des Mauerwerkes sind ersichtlich aus Fig. 14. Die Dimensionen des Mauerwerkes variieren dabei, im wesentlichen nach außen hin, jeweils entsprechend den Gebirgsverhältnissen. Folgende Typen waren projektiert:

Typ	Kalottengewölbestärke in cm	Widerlagerstärke in cm	Sohlgewölbestärke in cm	Ausbruch m^3/lfm	Beton m^3/lfm
1	50	50	ohne	52·26	12·30
2	60	80	50	62·81	23·55
3	80	100	70	68·98	29·63
3 a	80	100	70	66·13	26·16
4	80	120	70	71·69	32·35
4 a	80	200	90	82·00	42·66
5	100	200	90	87·06	47·71
6	110	150	90	79·61	40·26
7	100	150	90	81·45	42·10
8	100	135	90	77·45	38·10
9	80	135	70	73·78	34·43

Die Typen 3 a und 6 unterscheiden sich jeweils von den Typen 3 bzw. 7 lediglich durch eine etwas ändere Formgebung der Kämpfer.

Die Typen 1 und 6 kamen nicht zur Ausführung.

Der Anwendungsbereich der einzelnen Typen ist im Detaillängsprofil, oberhalb, eingetragen.

---

[1]) Nach den von der Bauleitung zur Verfügung gestellten Unterlagen.

Eine Abdichtung zwischen Mauerwerk und Gebirge konnte nicht vorgenommen werden, da die Aufrechterhaltung eines Mehrausbruches während der Betonierung, eine einwandfreie Anbringung der Außenisolierung und eine nachfolgende Hinterstopfung bei den Gebirgsverhältnissen am Semmeringpaß (das Gebirge preßte sich ja sofort an die Zimmerung an) nicht durchführbar waren. Zur Charakterisierung der Situation sei nur erwähnt, daß es vielfach trotz allem Bemühens nicht möglich war, die Verpfählungspfosten auszubauen. Es wurde daher ein möglichst einwandfreier Kontakt zwischen Mauerwerk und Gebirge angestrebt und möglichst wenig Mehrausbruch vorgenommen. Als Isolierung wurde eine Innenisolierung ausgeführt. Zusätzliche Maßnahmen zur Trockenhaltung des Tunnels wurden im Kapitel „Wasserverhältnisse" beschrieben.

Die Herstellung des Mauerwerkes erfolgte mittels Pumpbeton (maximale Förderweite 350 m, 3 Betonpumpen hintereinandergeschaltet). Verdichtung erfolgte normalerweise mittels Tauchrüttler. In den Ultramylonitstrecken wurde frühhochfester Zement verwendet. Die anfänglich streckenweise verwendeten Betonformsteine, insbesondere auch zur Ausführung des Kalottenschlusses, bewährten sich nicht, da die Mauerwerksfugen nicht genügend wasserdicht hergestellt werden konnten. Lediglich in den Ultramylonitstrecken wurden sie mit Erfolg verwendet, um eine möglichst rasche Aufnahmefähigkeit des Mauerwerks für den Gebirgsdruck zu erzielen.

Als Zuschlagstoffe zu dem wasserdichten Beton wurden Schotter und Sande von Bad Fischau (vorwiegend Kalk und Dolomit) und Sande von Langenwang (vorwiegend Quarz) (Korngrößen 0—3, 3—7, 7—40 mm) verwendet. Neben der Errichtung normaler Siloanlagen wurde für den Wintervorrat ein Schalungseinbau in den schon fertiggestellten Tunnelteilen vorgenommen und darin die immer etwas feuchten Zuschlagstoffe (zirka 6000 m^3) frostsicher gelagert.

Die Mindestdruckfestigkeit des Betons für das Kalottengewölbe beträgt 300 kg/cm^2, es wurden 300 kg Zement auf 1 m^3 Fertigbeton verwendet, für Widerlager und Sohlgewölbe 225 kg/cm^2, mit 250 kg Zement auf 1 m^3.

Als Bauweise für den neuen Semmeringtunnel wurde die belgische, mit Sohlstollen, gewählt, als Betriebsweise kam nur die „fortlaufende" in Frage, ausgenommen in den Ultramylonitstrecken, wo ein möglichst rasches Nachziehen des gesamten Tunnelmauerwerks angezeigt war.

Die Arbeiten geschahen in folgender Reihung (Fig. 11, 12, 13, 14, 16):

1. Vortrieb des Sohlstollens (Türstockzimmerung);
2. vom Sohlstollen aus Aufbruch in die Kalotte, Vortrieb des Firstschlitzes (Türstockzimmerung);
3. Vollausbruch der Kalotte (eiserne Querträgerzimmerung);
4. Betonierung des Kalottengewölbes;
5. Ausbruch der Widerlager (Zimmerung jeweils angepaßt);
6. Betonierung der Widerlager;
7. Ausbruch der Sohle;
8. Betonierung des Sohlgewölbes, des Füllbetons, des Kanalmäuerchens;
9. Ausführung der Feinabdeckung;
10. Trockenlegung feuchter Stellen;
11. Aufbringung des Glattputzes und der Isolierung;
12. Mauerung der Granitverkleidung;
13. Verlegen der Kanaldeckel;
14. Bahntechnische Einrichtungen des Tunnels.

Die Reihenfolge der Arbeiten am Tunnelmauerwerk zeigt Fig. 16.

In der Kämpferhöhe der Gewölbe wurde durchgehend auf die jeweiligen Ringlängen eine Stahlarmierung angeordnet (siehe Fig. 18), damit der Gewölbefuß auch Zugspannungen übernehmen kann.

Für die Innenverkleidung des Tunnels wurden Werksteine aus Schärdinger und Mühlviertler Granit verwendet, für die Verkleidung der Portale und der Futtermauern Werksteine aus Ternitzer Konglomerat, auf der Nordseite auch Mühlviertler Granit.

Von der Ausführung des Sohlstollens (Fig. 11) ist zu erwähnen, daß die Entfernung der Türstöcke im Längsschnitt $1 \cdot 3$ m betrug. Eine kleinere Gespärredistanz würde ein zu steiles Ansteigen der ja durchlaufend notwendigen Getriebezimmerung, insbesondere in der Stollenfirste, bedingt haben. Bei schwierigen Gebirgsverhältnissen wurden daher nacheilend Zwischengespärre eingezogen. Diese Art der Zimmerung erwies sich als ausreichend in den normalen Tunnelstrecken, wo eventuell gebrochene Pölzung durch neue ersetzt oder Nebengespärre aufgestellt wurden, bei gleichzeitigem Nachnehmen eventuell eingedrungener Gebirgsmassen (meist nur einmal nötig). In den Ultramylonitstrecken, wo das Gebirge praktisch ständig in den Stollen eindrang, erwies sich diese Zimmerung als nicht ausreichend bzw. wirtschaftlich. Das notwendige ununterbrochene Nachnehmen des eindringenden Gebirges hätte zu ganz erheblichen Materialentnahmen geführt, die wieder zweifellos eine immer größere Beweglichkeit des Gebirges verursacht hätten, abgesehen von der ständigen erheblichen Mehrarbeit bzw. der Behinderung des Stollenbetriebes. Es wurde daher eine Rundstollenzimmerung (Tonnenzimmerung, Fig. 15, Bild 17) entwickelt, die zwar nur 50% der Vortriebsleistung mit Türstockzimmerung erbrachte, trotzdem aber den Verhältnissen besser angepaßt war. Es handelt sich dabei um kreisförmig angeordnete, radial zugeschnittene Buchenkanthölzer, die ringweise, ohne Längsverband, eingebracht wurden. Bei den gewählten Dimensionen (siehe Fig. 15) ergab sich eine maximale Spannung in der Auskleidung von zirka 60 kg/cm^2. Dieser Methode kam zugute, daß sich die durchaus plastisch gewordenen Ultramylonite allmählich fest an das Profil legten, jedoch während des Einbaues keine Tendenz zum Nachbrechen zeigten. Schwierigkeiten in der Unterbringung der Stolleneinrichtungen mußten in Kauf genommen werden. Eine Deformierung der Zimmerung trat jeweils erst nach dem Kalottenausbruch ein, erreichte aber auch dann keine bedrohlichen Dimensionen (Bild 18).

Von der Ausführung der Kalotte (Fig. 12, Bild 3) ist zu erwähnen, daß zuerst, um die eiserne Tunnelrüstung zum Einsatz bringen zu können, ein Ring mit hölzerner Längszimmerung errichtet werden mußte. Von diesem so geschaffenen Hohlraum aus konnte der weitere Vortrieb mit der normalen eisernen Querträgerzimmerung begonnen werden.

Der innere tragende Doppelbogen der Rüstung diente gleichzeitig zur Aufnahme der Schalung (die einzelnen Schaltafeln mit $2 \cdot 5 \times 0 \cdot 5$ m) für die Mauerung. Der äußere Bogen (Ausbruchsbogen) wurde durch eiserne Stützen (Reiter) auf den Schalungsbogen abgestützt. Die Getriebezimmerung wurde über den Ausbruchsbogen in der Tunnellängsrichtung vorgetrieben. Schalungs- und Ausbruchsbogen waren der Länge nach fest gegeneinander abgeriegelt. Der Abstand der Bogen betrug $1 \cdot 25$ m, dementsprechend war derjenige der Türstöcke der Firstschlitzzimmerung. Es war durchlaufend volle Verpfählung notwendig.

In den Ultramylonitstrecken wurde diese Methode nicht angewendet, sondern eine Längsträgerzimmerung in Holz (Mindestdurchmesser 40 cm), um die notwendigen Auswechslungen der Pölzung zu ermöglichen. Nach Schluß der Gewölberinge wurden sofort Rundhölzer (Durchmesser 40—50 cm) in Kämpferhöhe eingezogen.

Ausbruchsbogen und Reiter wurden rückgewonnen, an Stelle letzterer traten leicht armierte, im Mauerwerk verbleibende Betonstützen. Eine bleibende Stützung der Verpfählung während des Erhärtens des Betons war infolge der Gebirgsdruckverhältnisse notwendig.

Die Betonierung der Kalotte erfolgte in einem Zuge, der Kalottenschluß wurde zirka 4 Tage später mittels „Betonkanone" durchgeführt (jeweiliger Kalottenschluß auf 1·25 m Länge, ruckartiges Einschleudern des Betons durch ein weites Rohr mittels Preßluft, Verdichtung der unteren Partien mittels Tauchrüttler, der oberen, fest eingeschleuderten, durch Stampfen).

Die einzelnen Kalottenringe wurden satt aneinander betoniert. Eine unterschiedliche Setzung wurde nicht beobachtet. Durchgehende Fugen wurden nur bei entsprechend liegenden Schichtgrenzen oder Störungen durchgeführt.

Die Überhöhung beim Kalottenausbruch wurde normalerweise mit 10—20 cm angenommen, in den Ultramylonitstrecken mit zirka 40 cm, außerdem wurde hier die Kalottenmauerung selbst 30 cm überhöht ausgeführt, Gesamtüberhöhung somit 70 cm. Die Länge der einzelnen Kalottenringe bewegt sich um 10 m, in besonders druckhaften Strecken wurde sie bis auf 5 m herabgemindert. Ihre Anordnung ist im Detaillängsprofil, oberhalb, eingetragen.

Der Ausbruch der Widerlager (Fig. 13) wurde jeweils beidseitig gleichzeitig, also nicht, wie üblich, schachbrettartig, vorgenommen, wodurch sich erhebliche Vorteile bei der Pölzung ergaben. Auch wurde das Kalottenmauerwerk gleichmäßig beansprucht. Die Ringlänge in den Widerlagern beträgt jeweils die Hälfte der betreffenden Kalottenringe, normalerweise um 5 m. Der Ringstoß der Kalotte liegt immer auf der Mitte eines Widerlagerringes. Durchgehende Ringfugen in der ganzen Tunnelröhre sind somit nicht vorhanden.

Die Betonierung der Widerlager erfolgte in einem Zug, der Widerlagerschluß wurde von Hand eingebracht und mit Preßluftstampfen verdichtet. In die Anschlußstellen wurde zusätzlich Zement injiziert.

Ausbruch und Betonierung des Sohlgewölbes (plus Füllbeton und Feinabdeckung) erfolgte normalerweise in Strecken von zirka 50 m, jeweils zuerst eine Hälfte, dann die zweite, mit entsprechenden Gleisverlegungen.

Auch hier wurde in den Ultramylonitstrecken eine Ausnahme gemacht und diese Arbeit sofort nach Fertigstellung eines jeden Widerlagers durchgeführt, und zwar in einem Arbeitsgang mit Unterfangung des Baugeleises, um möglichst rasch ein vollgeschlossenes Gewölbe zu erhalten.

Die Innenisolierung, eine Oppanolfolie (Isolierträger und Isolierstoff in einem, Eigengewicht samt Kleber 5—6 kg/m^2), bedeckt Kalottengewölbe und Widerlager bis zur Höhe der Schwellenoberkante. Die einzelnen Bahnen sind 2 mm dick, 1 m breit, wurden senkrecht zur Tunnelachse (zirka 6 m lang) verlegt und mit einem Spezialkleber heiß auf die vollkommen trockengelegten Betonwände bzw. den entsprechenden Feinputz aufgeklebt. Der Kleber löst sich nach einiger Zeit und die Folie liegt dann völlig frei zwischen Tragmauerwerk und Innenverkleidung. Damit wird eine weitgehende Unabhängigkeit von eventuellen Bewegungen im Mauerwerk erzielt. Die 4—5 cm breit überlappten Bahnen wurden mit einem speziellen „Quellschweißverfahren" kalt verbunden. Die Vorteile dieser Isolierung liegen in ihrer Altersbeständigkeit, Säurefestigkeit, Nichtleitfähigkeit, vor allem aber in ihrer großen Elastizität, Zusammendrückbarkeit und Dehnbarkeit, die eine unumgängliche Notwendigkeit in einem so beweglichen Gebirge mit rezenter Tektonik darstellen. Voraussetzung für die Wirksamkeit ist allerdings, daß die Verschweißungen dicht bleiben, und daß die Folie beim Einbringen sowie bei der folgenden Innenmauerung keine mechanischen Beschädigungen erleidet. Die Folie wurde daher durch Auflegen einer nackten Bitumenpappe geschützt und dann erst die Errichtung der Innenverkleidung bzw. die Einbringung des Zwischenmörtels vorgenommen. Eine Anbringung als Außenverkleidung wäre aus dem ebenangeführten Grund bei den Gebirgsverhältnissen am Semmeringpaß vollkommen unmöglich gewesen.

Abschließend seien einige zusammenfassende Daten mitgeteilt:

Tunnelausbruch	110.000 m^3
Beton	54.000 m^3
Zement	15.000 t
Betonkies und -sand	120.000 t
Sprengstoff	60 t
Schnittholz	4.500 t
Rundholz	3.500 t
Isolierung	27.000 m^2
Granitverkleidung	6.750 m^3
Tagwerke	280.000
Arbeiterstand bei Vollbetrieb	600

Dreischichtiger Betrieb Tag und Nacht.

Baugeschichte [1])

Der Bau des neuen Semmeringtunnels wurde am 8. September 1949 begonnen.

Da die Achse des neuen Semmeringtunnels beim Nordportal nur 14 m von der des alten Tunnels entfernt ist, war geplant, um eventuelle Gefährdungen auszuschalten, das Mauerwerk des alten Tunnels durch einen Betonstützkörper gegen den neuen Tunnel abzusichern, und zwar durch das Abteufen einiger lamellenartiger Schächte (Grundriß 8 × 3 m, Tiefe 14—20 m) und nachfolgender Einbringung der Stützkörper. Danach sollten das Portal und die beiden anschließenden Tunnelringe (je 6 m lang) in offener Bauweise hergestellt werden. Nach Errichtung der ersten Stützkörperlamelle zeigte es sich, daß einerseits das Mauerwerk des alten Tunnels wesentlich besser erhalten war als vorausgesehen, und daß andrerseits die Gefahr einer Unterschneidung des Hangfußes, mit entsprechenden Portalrutschungen durch die geplanten Bauvorhaben mit doch ganz ansehnlichen Dimensionen, durchaus gegeben war. Daher wurde von der Ausführung des ursprünglichen Planes Abstand genommen und der alte Tunnel lediglich auf eine Strecke von 40 m vom Nordportal aus mit einer Holzeinrüstung versehen, um den Bahnbetrieb zu sichern.

Der nördliche Sohlstollen wurde am 3. Oktober 1949 vor dem neuen Portal angeschlagen, da wegen eines bestehenden Wärterhäuschens kein offener Einschnitt betrieben werden konnte (Bild 1).

Der südliche Sohlstollen wurde am 6. Oktober 1949 ebenfalls vor dem neuen Portal angeschlagen, der Voreinschnitt in englischer Einschnittbauweise betrieben (Bild 2). Durch den Vortrieb des südlichen Stollens kam die auf den Schiefermyloniten liegende Rauhwacke in Bewegung, was sich bei der bestehenden Futtermauer in Absplitterungen der Werksteine am Mauerfuß und einer Verschiebung der Mauerkrone (zirka 20 cm) bzw. Schiefstellung der ganzen Mauer zeigte. Nach einer sofort durchgeführten Entlastung wurde eine neue Futtermauer hergestellt. Auch wurde das südliche Tunnelportal um 24 m gegenüber der ursprünglichen Planung vorgerückt, um eine Hangrutschung unmöglich zu machen.

Die ersten Schrägaufbrüche von den Sohlstollen aus zu den Kalotten wurden im Norden am 10. Jänner 1950 bei km 103·628 begonnen, im Süden am 6. Februar 1950 bei km 105·017, ein zweiter Ende März 1950 bei km 104·840. Von hier aus wurden die Kalotten vorerst gegen die Tunnelmitte vorgetrieben, erst einige Zeit später wurde der Kalottenausbruch gegen die Portale zu durchgeführt. Dies geschah sowohl in Hinsicht auf die Verhinderung von Portalrutschungen als auch mit Rücksicht auf den nahen alten Tunnel.

Der Widerlagerausbruch begann im Norden und Süden Anfang Mai 1950, die Arbeiten am Sohlgewölbe Ende Juni 1950.

---

[1]) Nach den von der Bauleitung zur Verfügung gestellten Unterlagen.

Am 20. März 1950 wurde der Vortrieb des südlichen Sohlstollens bei *km* 104·760 (in der großen Ultramylonitstrecke) eingestellt. Die Druckerscheinungen hatten ein solches Ausmaß erreicht, daß es nicht mehr zweckmäßig erschien, den Sohlstollen weiter vorzutreiben, sondern es wurde so rasch als möglich die volle Tunnelmauerung nachgezogen. Am 20. September 1950 wurde dann der Vortrieb des südlichen Sohlstollens wieder aufgenommen.

Auch im Norden erwies sich ein allzuweit vorauseilender Sohlstollen als nicht ratsam und da derselbe im Mai 1950 dem Bauprogramm bereits um 130 *m* voraus war, wurde sein Vortrieb ebenfalls eingestellt, und zwar am 22. Mai 1950 bei *km* 104·120. Die Wiederaufnahme des Vortriebes erfolgte am 18. September 1950.

Der Durchschlag des Sohlstollens erfolgte am 15. März 1951 bei *km* 104·460, der des Firstschlitzes Mitte Mai 1951 bei *km* 104·395.

Die Betonierung des Tragmauerwerkes war im August 1951 abgeschlossen, die Isolierung und die Granitverkleidung im Dezember 1951.

Der Tunnel wurde am 1. März 1952 feierlich dem Verkehr übergeben.

Die gesamte Bauzeit betrug somit rund 27 Monate, die Zeit vom Anschlag der Sohlstollen bis zum Anlaufen aller Bauarbeiten (ausgenommen Isolierung, Granitverkleidung und bahntechnische Ausstattung) etwas weniger als 9 Monate, deren Ausführung rund 22 Monate.

Für das Tempo der Gesamtarbeiten ist bei der gewählten Bauweise die Geschwindigkeit des Sohlstollenvortriebes und des Kalottenvortriebes maßgebend. Für den Vortrieb des Sohlstollens (Ausbruchsquerschnitt zirka 8·5 m^2) ergab sich, bei zeitweiser beträchtlicher Überschreitung, eine mittlere Tagesleistung (24 Stunden) von 2·5 *m*, für den Kalottenausbruch in zwei Arbeitsgängen (Firstschlitz mit 8—10 m^2, Ausweitung mit 12—14 m^2 Ausbruchsquerschnitt) ein solcher von 2·0 *m*. Ein versuchsweise durchgeführter Kalottenausbruch in einem Arbeitsgang (Ausbruchsquerschnitt 22 m^2) ergab eine Vortriebsleistung von höchstens 1·5 *m* pro Tag. Die Herstellung eines verhältnismäßig hohen Firstschlitzes (4 *m*) erforderte zwar besondere Sorgfalt, war jedoch immer durchführbar.

Die Ultramylonitstrecken mit ihren besonderen Verhältnissen sind bei obigen Angaben nicht berücksichtigt, hier verminderte sich die Vortriebsleistung auf etwa 50%.

Die größte Monatsleistung für den Gesamtvortrieb auf einer Vortriebsseite betrug 109 *m* (bei vollem Einbau), die durchschnittliche Monatsleistung auf einer Vortriebseite vor September 1950 zirka 71 *m* (rund 2 Monate), nach September 1950 zirka 55 *m* (rund 11 Monate), zusammengefaßt zirka 58 *m* (rund 13 Monate).

Das vorgesehene Bauprogramm wurde trotz der vielen Schwierigkeiten ohne größere Abweichungen erfüllt.

Mit Befriedigung kann berichtet werden, daß sich während des ganzen Baues kein ernsthafter Unfall ereignete.

Schlußwort

Wenn man die Ergebnisse überblickt, die durch den Bau des neuen Semmeringtunnels erzielt wurden, so zeigt sich, daß mit diesem Bau nicht nur ein dringendes Verkehrsbedürfnis erfüllt wurde.

Auch in technischer Hinsicht wurden vielfach neue Erkenntnisse gewonnen und neue Methoden entwickelt. Ich verweise nur auf einige Beispiele: den symmetrischen Ausbruch der Widerlager, die Tonnenzimmerung, die Anordnung der einzelnen Bauteile, die Ausführung des Kalottengewölbeschlusses, Entwässerung und Isolierung, die Lösung des Problems der frostsicheren Aufbewahrung der Zuschlagstoffe usw.

Aber vor allem auch die Geologie verdankt dem Bau des neuen Semmeringtunnels wertvollste und einmalige Erkenntnisse. Ohne die Aufschlüsse durch den Tunnelbau wäre die Klärung der Tektonik und die Feststellung einer durchlaufenden stratigraphischen Folge von Perm bis Jura und damit der exakte Nachweis der regional-geologischen Verbundenheit mit den tatrischen Decken nicht möglich gewesen. In überzeugender Weise hat sich der klassische Satz bestätigt „Die Karpathen beginnen am Semmering".

In technisch-geologischer Hinsicht haben sich so augenfällig die reichhaltigsten Erfahrungen ergeben, daß man hier bestimmt nicht nochmals gesondert auf sie hinzuweisen braucht. Wenn auch zweifellos nicht damit gerechnet werden muß, daß in absehbarer Zeit ein Tunnelbau in ähnlich schwierigem Gebirge durchgeführt werden wird, so sind nunmehr die diesbezüglichen Erfahrungen festgehalten und stehen künftigen Generationen zur Verfügung.

Literaturverzeichnis

Ampferer O., Gegen den Nappismus und für die Deckenlehre. Zsch. D. Geol. Ges., *92*, p. 313, Berlin, 1940.

Andrae K. J., Bericht über die Ergebnisse geognostischer Forschungen im Gebiet der 9. Section der Generalquartiermeisterstabskarte in Steiermark und Illyrien während des Sommers 1853. Jb. Geol. R. A., *5*, p. 529, Wien, 1854.

Andrusov D., Geologie Slovenska. Praha, 1938.

— Die neuen Auffassungen des Baues der Karpathen. Mitt. Geol. Ges. Wien, *32*, p. 157, Wien, 1939.

— Geologia a výskyty nerastných surovín Slovenska. Odtlačok zo Slovenskej vlastivedy I, vydanai Slovenskej Akadémie vied a umení v Bratislave, p. 11, Bratislava, 1943.

Angel F., Die Quarzkeratophyre der Blasseneckserie. Jb. Geol. R. A., *68*, p. 29, Wien, 1918.

— Gesteine der Steiermark. Mitt. Naturw. Ver. Stmk., *60*, p. 226, Graz, 1924.

Beck H. und Vetters H., Zur Geologie der Kleinen Karpathen. Beitr. z. Geol. u. Palaeont. Öst.-Ungarns u. d. Orients, *16*, p. 5, Wien, 1904.

Bistritschan K., Ein Beitrag zur Geologie des Wechselgebietes. Verh. Geol. B. A., p. 11, Wien, 1939.

Böhm A., Über die Gesteine des Wechsels. Tscherm. Min. u. Petr. Mitt., *5*, p. 197, Wien, 1883.

Cornelius H. P., Petrographische Bemerkungen als Anhang zu Spengler E., Über die Tektonik der Grauwackenzone südlich der Hochschwabgruppe. Verh. Geol. B. A., p. 127, Wien, 1926.

— Aufnahmsbericht über Blatt Mürzzuschlag. Verh. Geol. B. A., p. 36, Wien, 1929.

— — p. 34, 1930.

— — p. 34, 1931.

— — p. 34, 1932.

— — p. 32, 1933.

— — p. 40, 1934.

— — p. 42, 1935.

— — p. 50, 1936.

— Zur Seriengliederung der vorsilurischen Schichten der Ostalpen. Verh. Geol. B. A., p. 75, Wien, 1935.

— Zur Auffassung der Ostalpen im Sinne der Deckenlehre. Zsch. D. Geol. Ges., *92*, p. 271, Berlin, 1940.

— Nachwort zu dem Thema: Die Ostalpen im Licht der Deckenlehre. Zsch. D. Geol. Ges., *92*, p. 311, Berlin, 1940.

— Zur Einführung in die Probleme der nordalpinen Grauwackenzone. Mitt. R. A. f. Bodenforsch., Zweigst. Wien, *2*, p. 1, Wien, 1941.

— Die Vorkommen altkristalliner Gesteine im Ostabschnitt der nordalpinen Grauwackenzone. Mitt. R. A. f. Bodenforsch., Zweigst. Wien, *2*, p. 19, Wien, 1941.

— Zur Paläogeographie und Tektonik des alpinen Paläozoikums. Sitz. Ber. Öst. Ak. Wiss., math.-naturw. Kl., Abt. I, *159*, p. 281, Wien, 1951.

Czitary E., Der neue Semmeringtunnel. Öst. Bauzsch., *6*, p. 68, Wien, 1951.

Cžjžek J., Gipsbrüche in Niederösterreich und in den angrenzenden Landesteilen. Jb. Geol. R. A., *3*, p. 27, Wien, 1851.

— Das Rosaliengebirge und der Wechsel in Niederösterreich. Jb. Geol. R. A., *5*, p. 465, Wien, 1854.

Dal Piaz G., La Genesi delle Alpi. Atti d. Reale Istituto d. Scienze, Lettere ed Arti, p. 467, Venezia, 1945.

— Carta tettonica delle Alpi. Tecnica Italiana, N. S., *2*, p. 6, Trieste, 1946.

Del Negro W., Zur Alpensynthese. Geol. Rdsch., *19*, p. 493, Berlin, 1928.

— — (Ergänzungen). Geol. Rdsch., *20*, p. 341, Berlin, 1929.

Diener C., Bau und Bild der Ostalpen und des Karstgebietes. In: „Bau und Bild Österreichs", *II*, p. 327, Wien, 1903.

Fiedler K., Gebirgsdruck im Tunnelbau. Der alte und der neue Semmeringtunnel. Int. Geb. Dr. Tag. Leoben, p. 55, Wien 1950.

Foetterle F., Der Eisenbahnbau am Semmering am Schlusse des Jahres 1850. Jb. Geol. R. A., *1*, p. 576, Wien, 1850.

Foullon H., Über die petrographische Beschaffenheit der krystallinischen Schiefer der unterkarbonischen Schichten und einiger älterer Gesteine aus der Umgebung vom Kaiserberg. Jb. Geol. R. A., *33*, p. 207, Wien, 1883.

— Über die petrographische Beschaffenheit kristallinischer Schiefergesteine aus den Radstädter Tauern. Jb. Geol. R. A., *34*, p. 635, Wien, 1884.

— Über die Verbreitung und die Varietäten des Blasseneckgneises und zugehöriger Schiefer. Verh. Geol. R. A., p. 83, 111, Wien, 1886.

Fötterle F., Notiz über die beim Bau der Semmeringbahn in Verwendung gebrachten Grauwackengesteine. Jb. Geol. R. A., *2*, p. 133, Wien, 1851.

— und Hauer K., Magnesitspat vom Semmering. Jb. Geol. R. A., *3*, p. 154, Wien, 1852.

Fröhlich O. K., Sicherheit gegen Rutschung einer Erdmasse für kreiszylindrischer Gleitfläche mit Berücksichtigung der Spannungsverteilung in dieser Fläche. Federhofer-Girkmann-Festschrift, Wien, 1950.

Haidinger W., Geologische Beobachtungen in den österreichischen Alpen. Ber. ü. d. Mitt. v. Freunden d. Naturw. in Wien, *3*, p. 347, Wien, 1848.

Hammer W., Beiträge zur Kenntnis der steirischen Grauwackenzone. Jb. Geol. B. A., *74*, p. 1, Wien, 1924.

Heritsch F., Über einen neuen Fund von Versteinerungen in der Grauwackenzone von Obersteiermark. Mitt. Naturw. Ver. Stmk., *44*, p. 20, Graz, 1907.

— Zur Kenntnis der Tektonik der Grauwackenzone im Mürztal. Centralbl. f. Min., Geol. u. Palaeont., p. 90, 110, Stuttgart, 1911.

— Das Alter des obersteirischen „Zentralgranites". Centralbl. f. Min., Geol. u. Palaeont., p. 198, Stuttgart, 1912.

— Fortschritte in der Kenntnis des geologischen Baues der Zentralalpen östlich vom Brenner. III. Das Gebirge östlich von den Radstädter Tauern und vom Katschberg. Geol. Rdsch., *3*, p. 245, Berlin, 1912.

— Die Anwendung der Deckentheorie für die Ostalpen. Geol. Rdsch., *5*, p. 95, 253, 555, Berlin, 1914.

— Die österreichischen und deutschen Alpen bis zur alpino-dinarischen Grenze (Ostalpen). Handb. d. region. Geol., *II*, 5 a, Heidelberg, 1915.

— Der gegenwärtige Stand der Kenntnisse von den Zentralalpen östlich des Brenners. Jb. Naturhist. Landesmus. Kärnten, *29*, p. 119, Klagenfurt, 1918.

— Geologie von Steiermark. Mitt. Naturw. Ver. Stmk., *57 B*, Graz, 1921.

— Die Grundlagen der alpinen Tektonik. Berlin, 1923.

— Das tektonische Fenster von Fischbach. Denkschr. Öst. Ak. Wiss., math.-naturw. Kl., *101*, p. 1, Wien, 1927.

— Referate über den Nordostsporn der Zentralalpen. Mitt. Geol. Ges. Wien, *36—38*, p. 340, Wien, 1945.

Hertle L., Lilienfeld-Bayerbach, geologische Detailaufnahmen in den Nordostalpen des Erzherzogtumes Österreich unter der Enns zwischen den Flußgebieten der Erlaf und der Schwarza. Jb. Geol. R. A., *15*, p. 451, Wien, 1865.

Kober L., Über die Tektonik der südlichen Vorlagen des Schneeberges und der Rax. Mitt. Geol. Ges. Wien, *2*, p. 492, Wien, 1909.

— Über Bau und Entstehung der Ostalpen. Mitt. Geol. Ges. Wien, *5*, p. 368, Wien, 1912.

— Bau und Entstehung der Alpen. Berlin, 1923.

— Die tektonische Stellung des Semmering—Wechselgebietes. Tscherm. Min. u. Petr. Mitt., *38*, p. 268, Wien, 1925.

— Der geologische Aufbau Österreichs. Wien, 1938.

Kudernatsch J., Die Eisenbahnbauten am Semmering. Jb. Geol. R. A., *1*, p. 376, Wien, 1850.

Kümel F., Die Sieggrabener Deckscholle im Rosaliengebirge (Niederösterreich—Burgenland). Zsch. f. Krist., Min. u. Petr., Abt. B, Min. u. Petr. Mitt., N. F., *47*, p. 141, Leipzig, 1936.

— Vulkanismus und Tektonik der Landseer Bucht im Burgenland. Jb. Geol. B. A., *86*, p. 203, Wien, 1936.

— Über basische Tiefengesteine der Zentralalpen und ihre Metamorphose. Zsch. f. Krist., Min. u. Petr., Abt. B, Min. u. Petr. Mitt., N. F., *49*, p. 415, Leipzig, 1937.

Matêjka A. und Andrusov D., Aperçu de la Géologie des Carpathes Occidentales de la Slovaquie Centrale et des Régions avoisinantes. Knihovna Státního Geologického Ústavu Československé Republiky, *13*, p. 19, Praha, 1931.

Metz K., Ein Beitrag zur Frage der Fortsetzung des Semmeringmesozoikums nach Westen. Verh. Geol. B. A., p. 91, Wien, 1945.

Miller A., Der Eisenbahnbau am Semmering. Berg- u. Hüttenm. Jb., *3*, p. 316, Wien, 1853.

Mohr H., I. Bericht über die Verfolgung der geologischen Aufschlüsse längs der neuen Wechselbahn, insbesondere im großen Hartbergtunnel. Anz. math.-naturw. Kl. Öst. Ak. Wiss., p. 390, Wien, 1909.
— II. Bericht über die Verfolgung der geologischen Aufschlüsse längs der neuen Wechselbahn, insbesondere im großen Hartbergtunnel. Anz. math.-naturw. Kl. Öst. Ak. Wiss., p. 21, Wien, 1910.
— III. Bericht über die Verfolgung der geologischen Aufschlüsse längs der neuen Wechselbahn, insbesondere im großen Hartbergtunnel. Anz. math.-naturw. Kl. Öst. Ak. Wiss., p. 364, Wien, 1910.
— Zur Tektonik und Stratigraphie der Grauwackenzone zwischen Schneeberg und Wechsel. Mitt. Geol. Ges. Wien, *3*, p. 104, Wien, 1910.
— Was lehrt uns das Breitenauer Karbonvorkommen? Mitt. Geol. Ges. Wien, *4*, p. 305, Wien, 1911.
— Bemerkungen zu St. Richarz „Die Umgebung von Aspang am Wechsel (NÖ.)". Verh. Geol. R. A., p. 278, Wien, 1911.
— Versuch einer tektonischen Auflösung des Nordostspornes der Zentralalpen. Denkschr. Öst. Ak. Wiss., math.-naturw. Kl., *78*, p. 632, Wien, 1912.
— Geologie der Wechselbahn. Denkschr. Öst. Ak. Wiss., math.-naturw. Kl., *82*, p. 321, Wien, 1913.
— Ist das Wechselfenster ostalpin? Graz, 1919.
— Das Gebirge um Vöstenhof bei Ternitz. Denkschr. Öst. Ak. Wiss., math.-naturw. Kl., *98*, p. 141, Wien, 1922.
— Über einige Beziehungen zu Bau und Metamorphose der Ostalpen. Zsch. D. Geol. Ges., *75*, p. 114, Berlin, 1923.
— Geologische Formations- und Gebirgskunde. Die Welt der Technik, p. 495, Prag, 1938.
— Erster Bericht über die Verfolgung der geologischen Aufschlüsse im Semmeringtunnel II. Anz. math.-naturw. Kl. Öst. Ak. Wiss., p. 51, Wien, 1950.
— Zweiter Bericht über die Verfolgung der geologischen Aufschlüsse im Semmeringtunnel II. Anz. math.-naturw. Kl. Öst. Ak. Wiss., p. 191, Wien, 1951.
— Schwerspatlagerstätten des Semmeringgebietes. Vortragsbericht; Montanzeitung, *68*, Heft 2, p. 31, Wien, 1952.

Müller L., Technologie der Erdkruste. Geol. u. Bauwes., *17*, p. 97, Wien, 1949.
— Der Kluftkörper, Geol. u. Bauwes., *18*, p. 52, Wien, 1951.

Nadai A. L., Theory of Flow and Fracture of Solids. New York, 1950.

Ostersetzer B., Zum Bau des neuen Semmeringtunnels. Zsch. Öst. Ing. u. Arch. Ver., *95*, p. 1, Wien, 1950.
— Zur Frage der wasserdichten Abdeckung von Massivbrücken und Tunnels im allgemeinen und des neuen Semmeringtunnels im besonderen. Zsch. Öst. Ing. u. Arch. Ver., *96*, p. 177, Wien, 1951.

Redlich K. A., Über das Alter und die Entstehung einiger Erz- und Magnesitlagerstätten der steirischen Alpen. Jb. Geol. R. A., *53*, p. 285, Wien, 1903.
— Kritische Bemerkungen zu Herrn A. Sigmunds „Die Minerale von Niederösterreich". Centralbl. f. Min., Geol. u. Palaeont., p. 742, Stuttgart, 1908.

Richarz S., Die Umgebung von Aspang am Wechsel. Jb. Geol. R. A., *33*, p. 635, Wien, 1883.
— Der südliche Teil der Kleinen Karpathen und die Hainburger Berge. Jb. Geol. R. A., *58*, Wien, 1908
— Die Umgebung von Aspang am Wechsel. Jb. Geol. R. A., *61*, p. 285, Wien, 1911.

Rumpf J., Über kristallisierte Magnesite aus den nordöstlichen Alpen. Jb. Geol. R. A., Min. Mitt., *23*, p. 268, Wien, 1873.

Sander B., Zur Systematik zentralalpiner Decken. Verh. Geol. R. A., p. 357, Wien, 1910.
— Zur Geologie der Zentralalpen. II. Ostalpin und Lepontin, Verh. Geol. R. A., p. 223, Wien, 1916.

Schmidt W., Grauwackenzone und Tauernfenster. Jb. Geol. B. A., *71*, p. 101, Wien, 1921.
— Zur Phasenfolge im Ostalpenbau. Verh. Geol. B. A., p. 92, Wien, 1922.

Schmidt W. J., Die Matreier Zone in Österreich. I. Teil. Sitz. Ber. Öst. Ak. Wiss., math.-naturw. Kl., Abt. I, *156*, p. 291, Wien, 1950.
— Dritter Bericht über die Verfolgung der geologischen Aufschlüsse im Semmeringtunnel II. Anz. math.-naturw. Kl. Öst. Ak. Wiss., p. 376, Wien, 1951.
— Überblick über geologische Arbeiten in Österreich. Zsch. D. Geol. Ges., *102*, p. 311, Hannover, 1951.
— Geologische Verhältnisse in „Der neue Semmeringtunnel", Sonderheft d. Zsch. Eisenbahn, p. 13, Wien, 1952.
— Zur Berechnung des maximalen Gebirgsdruckes. Pap. XIX. Int. Geol. Congr., Algier, 1952 (im Druck).

Schwinner R., Der Bau des Gebirges östlich von der Lieser. Sitz. Ber. Öst. Ak. Wiss., math.-naturw. Kl., Abt. I, *136*, p. 333, Wien, 1927.
— Geröllführende Schiefer und andere Trümmergesteine aus der Zentralzone der Ostalpen. Geol. Rdsch., *20*, p. 211, 343, Berlin, 1929.

- Die älteren Baupläne in den Ostalpen. Zsch. D. Geol. Ges., *81*, p. 114, Berlin, 1929.
- Zur Geologie der Oststeiermark. Sitz. Ber. Öst. Ak. Wiss., math.-naturw. Kl., Abt. I, *141*, p. 319, Wien, 1932.
- Zur Gliederung der phyllitischen Serien der Ostalpen. Verh. Geol. B. A., p. 117, Wien, 1936.
- Zur Geschichte der Ostalpen-Tektonik. Zsch. D. Geol. Ges., *92*, p. 263, Berlin, 1940.
- Zum vorstehenden Aufsatz von H. P. Cornelius. Zur Auffassung der Ostalpen im Sinne der Deckenlehre. Zsch. D. Geol. Ges., *92*, p. 310, Berlin, 1940.
- Geologische Probleme der Raabalpen. Mitt. Geol. Ges. Wien, *39—41*, p. 85, Wien, 1948.
- Die Zentralzone der Ostalpen, in „Geologie von Österreich". 2. Auflage, p. 105, Wien, 1951.

Semmeringtunnel, der neue, Sonderheft d. Zsch. Eisenbahn, Wien, 1952.

Sigmund A., Die Minerale Niederösterreichs. Wien, 1909.

Sölch J., Das Semmeringgebiet. Wiener Geogr. Studien, *16*, Wien, 1948.

Starkel G., Über Vorkommen und Associationskreis der „Weißerde" von Aspang. Jb. Geol. R. A., *33*, p. 644, Wien, 1883.

Staub R., Der Bau der Alpen. Beitr. z. geol. Karte d. Schweiz, N. F., *52*, Bern, 1924.

Stini J., Tunnelbaugeologie. Wien, 1950.
- Neuere Ansichten über „Bodenbewegungen" und über ihre Beherrschung durch den Ingenieur. Geol. u. Bauwesen, *19*, p. 31, Wien, 1952.

Stiny J., Gesteine der Umgebung von Bruck a. d. Mur. Feldbach, 1917.
- Porphyrabkömmlinge aus der Umgebung von Bruck a. d. Mur. Centralbl. f. Min., Geol. u. Palaeont., p. 407, Stuttgart, 1917.

Stur D., Geologie der Steiermark. Graz, 1871.
- Funde von untercarbonischen Pflanzen der Schatzlarer Schichten am Nordrande der Centralkette der nordöstlichen Alpen. Jb. Geol. R. A., *33*, p. 189, Wien, 1883.

Stütz A., Mineralogisches Taschenbuch. Wien, 1807.

Suess E., Das Antlitz der Erde. *III*, 2, Wien, 1909.

Termier P., Sur quelques analogies de faciès géologiques entre la zone centrale des Alpes orientales et la zone interne des Alpes occidentales. Comptes Rendus des séauces de l'Academie des Sciences, p. 807, Paris, 1903.

Terzaghi K., Mechanism of Landslides. Harvard Soil Mechanics Series, *36*, p. 83, Cambridge, Mass., 1951 (reprinted from Engineering (Berkey) Volume, Geological Society of America, p. 83, November 1950).

Toperczer M. und Trapp E., Ein Beitrag zur Erdbebengeographie Österreichs nebst Erdbebenkatalog 1904—1948 und Chronik der Starkbeben. Mitt. Erdbeben-Kommission, N. F. *65*, Wien, 1950.

Torre C., Berechnung des Gebirgsdruckes in Fels. Geol. u. Bauwes., *18*, p. 83, Wien, 1951.

Toula F., Ein Beitrag zur Kenntnis des Semmeringgebietes. Verh. Geol. R. A., p. 334, Wien, 1876.
- Petrefactenfunde im Wechsel—Semmering-Gebiet. Verh. Geol. R. A., p. 195, Wien, 1877.
- Beiträge zur Kenntnis der Grauwackenzone der nordöstlichen Alpen. Verh. Geol. R. A., p. 240, Wien, 1877.
- Die Semmeringfahrt. Führer zu den Exkursionen der Deutsch. Geol. Ges., *5*, p. 185, Wien, 1877.
- Geologische Untersuchungen in der Grauwackenzone der nordöstlichen Alpen, mit besonderer Berücksichtigung des Semmeringgebietes. Denkschr. Öst. Ak. Wiss., math.-naturw. Kl., *50*, p. 121, Wien, 1885.
- Die Semmeringkalke. N. Jb. f. Min., Geol. u. Palaeont., *2*, p. 153, Stuttgart, 1899.
- Über die sogenannten Grauwacken- oder Liaskalke von Theben—Neudorf. Verh. d. Ver. f. Natur- u. Heilkunde zu Preßburg, N. F. *13*, p. 23, Preßburg, 1902.
- Führer für die Exkursion auf den Semmering in „Führer für die Exkursionen in Österreich". Int. Geol. Kongreß, Wien, 1903.

Tschermak G., Die Zone der älteren Schiefer am Semmering. Verh. Geol. R. A., *23*, P. 62, Wien, 1873.
- Anhydrit am Semmering. Jb. Geol. R. A., min. Mitt., *25*, p. 309, Wien, 1875.

Uhlig V., Bau und Bild der Karpathen in „Bau und Bild Österreichs". *III*, p. 651, Wien, 1903.
- Über die Tektonik der Ostalpen. Verh. Ges. deutscher Naturforscher u. Ärzte, p. 13, Leipzig, 1909.
- Die Deckentheorie in den Ostalpen. Mitt. Geol. Ges. Wien, *2*, p. 482, Wien, 1909.
- Zweiter Bericht über geotektonische Untersuchungen in den Radstädter Tauern. Sitz. Ber. Öst. Ak. Wiss., math.-naturw. Kl., Abt. I, *117*, p. 1379, Wien, 1909.

Vacek M., Über die geologischen Verhältnisse des Flußgebietes der unteren Mürz. Verh. Geol. R. A., p. 455, Wien, 1886.
— Über die geologischen Verhältnisse des Semmeringgebietes. Verh. Geol. B. A., p. 60, Wien, 1888.
— Über die geologischen Verhältnisse des Wechselgebietes. Verh. Geol. R. A., p. 151, Wien, 1889.
— Über die kristallinische Umrandung des Grazer Beckens. Verh. Geol. R. A., p. 9, Wien, 1890.
— Über die geologischen Verhältnisse des Rosaliengebirges. Verh. Geol. R. A., p. 309, Wien, 1891.
— Über die kristallinischen Inseln am Ostende der alpinen Centralzone. Verh. Geol. R. A., p. 367, Wien, 1892.
Waldmann L., Zur Geologie des Rosaliengebirges. Anz. math.-naturw. Kl. Öst. Ak. Wiss., p. 182, Wien, 1930.
Wieden P. und Hamilton G., Die Weißerde von Aspang. Tscherm. Min. u. Petr. Mitt., Wien, 1952 (im Druck).
Wieseneder A., Studien über die Metamorphose im Altkristallin des Alpenostrandes. I. Teil (Umgebung von Aspang—Kirchschlag). Zsch. f. Krist., Min. u. Petr., Abt. B, Min. u. Petr. Mitt., N. F., *42*, p. 136, Leipzig, 1932.
— Beiträge zur Kenntnis der ostalpinen Eklogite. Zsch. f. Krist., Min. u. Petr., Abt. B, Min. u. Petr. Mitt., N. F., *46*, p. 174, Leipzig, 1935.
— Ergänzungen zu den Studien über die Metamorphose im Altkristallin des Alpenostrandes. Zsch. f. Krist., Min. u. Petr., Abt. B, Min. u. Petr. Mitt., N. F., *48*, p. 317, Leipzig, 1936.

Tafel I

Bild 1. Stollenabtrag Nordportal.

Bild 2. Stollenabtrag Südportal.

Tafel II

Bild 2. Vortrieb des Firstschlitzes, Kalotte bereits ausgeschalt.

Bild 4. Wasserzudrang im Sohlstollen bei km 104,830.

Bild 5. Eissäulen und Bodeneis im alten Tunnel.

Tafel III

Bild 6. Südende des Kalottenverbruches bei km 104,191.

Bild 7. Abschalungen in den Schieferultramyloniten, Sohlstollen bei km 104,780.

Tafel IV

Bild 8. Eindringen der Schieferultramylonite,
Sohlstollen bei km 104,789.

Bild 9. Sohlenauftrieb in den Schieferultramyloniten,
Sohlstollen bei km 104,790.

Tafel V

Bild 10. Sohlenauftrieb in den Schieferultramyloniten, Sohlstollen bei km 104,795.

Bild 11. Zerbrechen der Türstockzimmerung, relatives Absinken der südöstlichen Steher, Eindringen der Schieferultramylonite, Sohlstollen bei km 104,790, Blick nach SW.

Tafel VI

Bild 12. Zerbrochene Zimmerung und Schrägstellung der Türstöcke nach SE, Schieferultramylonite, Sohlstollen bei km 104,830, Blick nach SW.

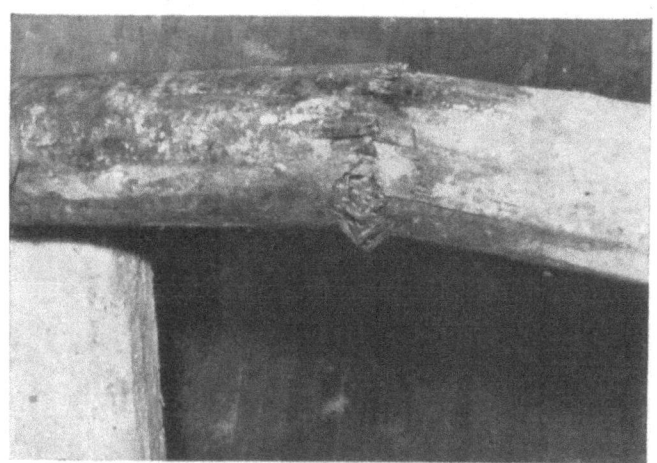

Bild 13. Geknickte Tiranten in den Schieferultramyloniten bei km 104,800.

Bild 14. Ausgeknickte Lehrbogen in den Schieferultramyloniten bei km 104,800.

Tafel VII

Bild 15. Gebrochener Steher in den Schieferultramyloniten bei km 104,800.

Bild 16. Nachnehmen der aufgetriebenen Sohle und Überfirstung des Stollens in den Schieferultramyloniten bei km 104,765.

Bild 17. Rundstollenzimmerung (Tonnenzimmerung).

Bild 18. Deformation der Tonnenzimmerung nach Kalottenausbruch.

Tafel VIII

Bild 19. Beginnende Absprengung im Kalottenmauerwerk bei km 104,792.

Bild 20. Vollzogene Absprengung im Kalottenmauerwerk bei 104,792.

Bild 21. Frischer Kalksinter an der Innenseite des Tunnelmauerwerks bei km 104,950.

Bild 22. Fertiger Tunnel ohne Isolierung und Innenverkleidung.

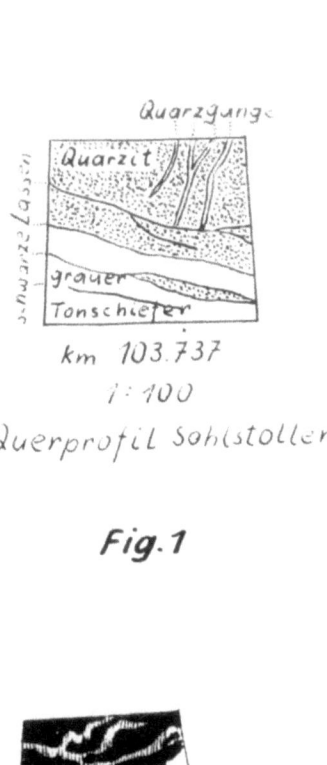
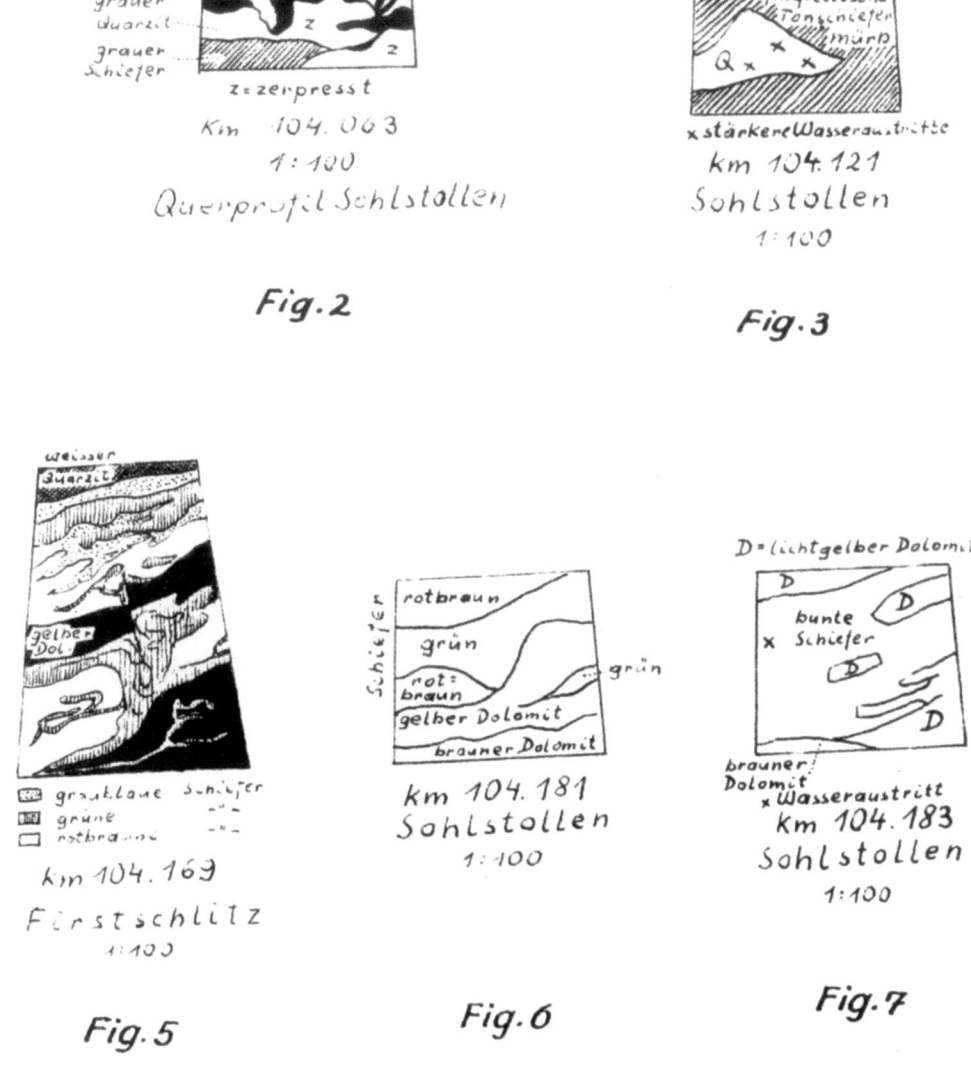
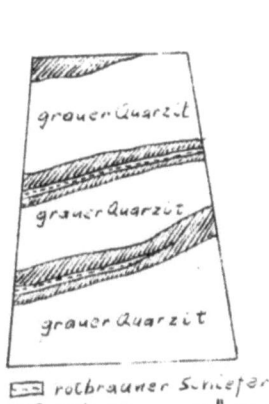
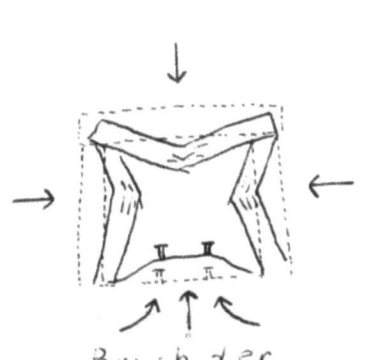

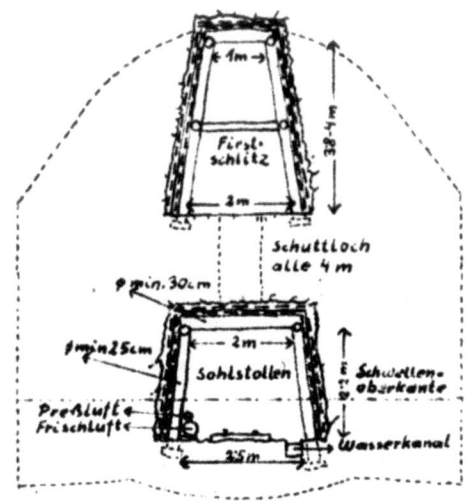

Sohlstollen u. Firstschlitz

Fig. 11

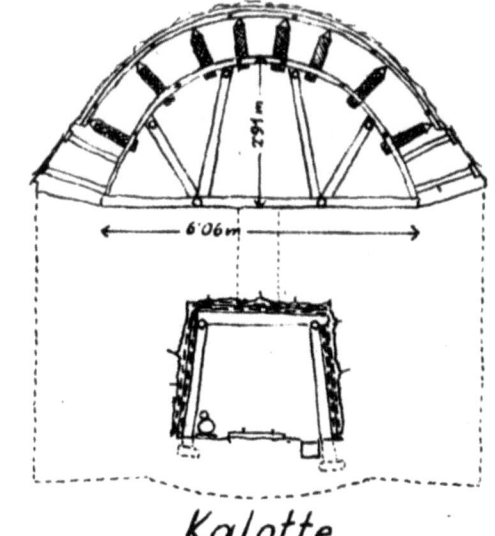

Kalotte

Fig. 12

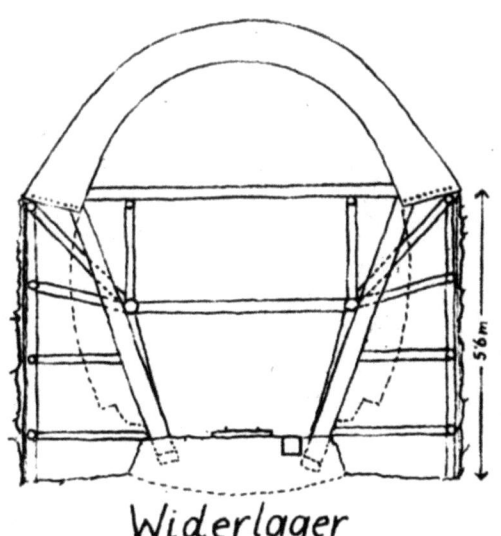

Widerlager

Fig. 13

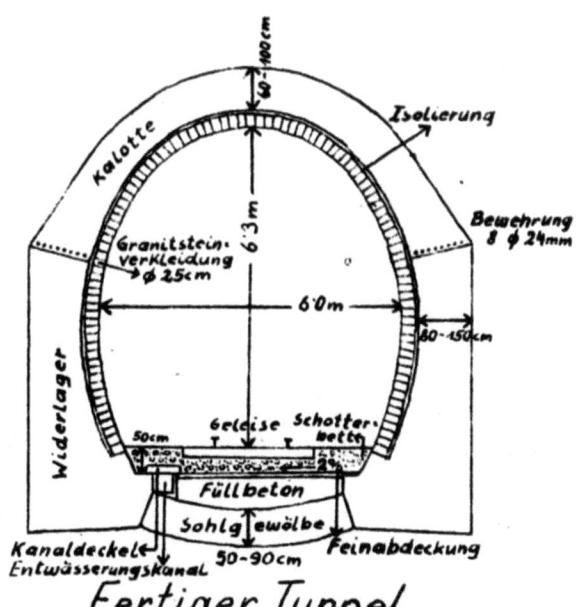

Fertiger Tunnel

Fig. 14

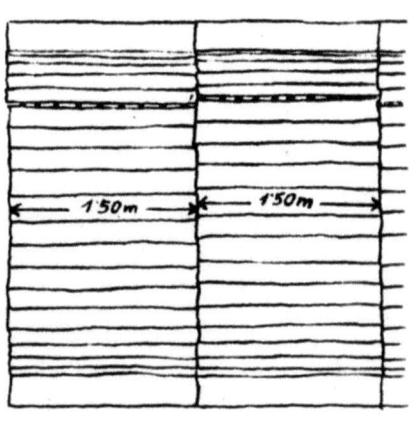

Rundstollen

Fig. 15

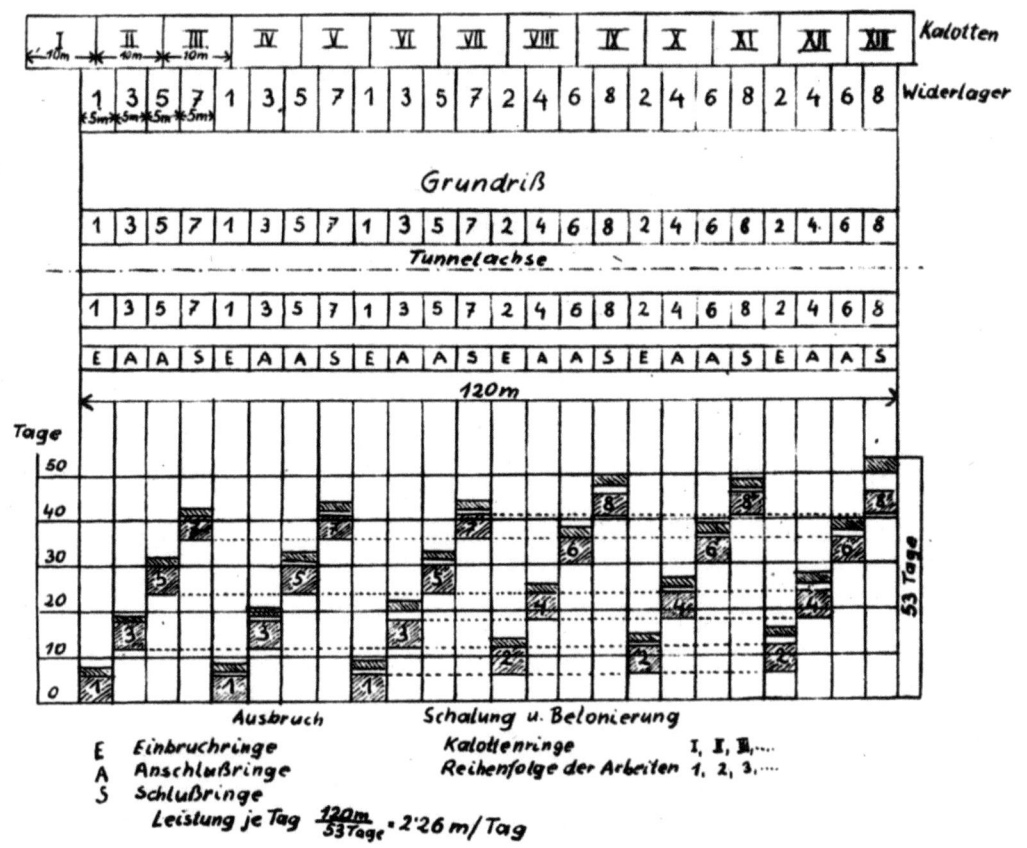

Zeitlicher Ablauf der Arbeiten

Fig. 16

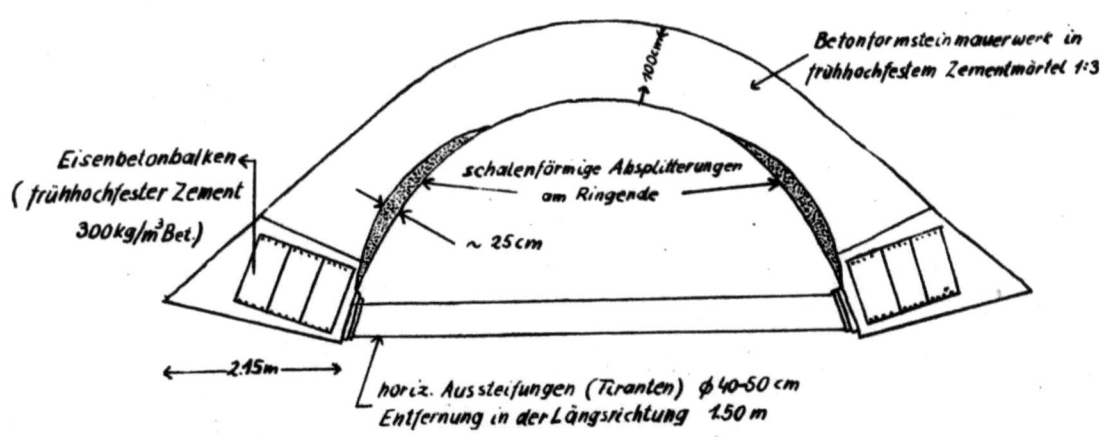

Absplitterungen am Kalottenmauerwerk

Fig. 17

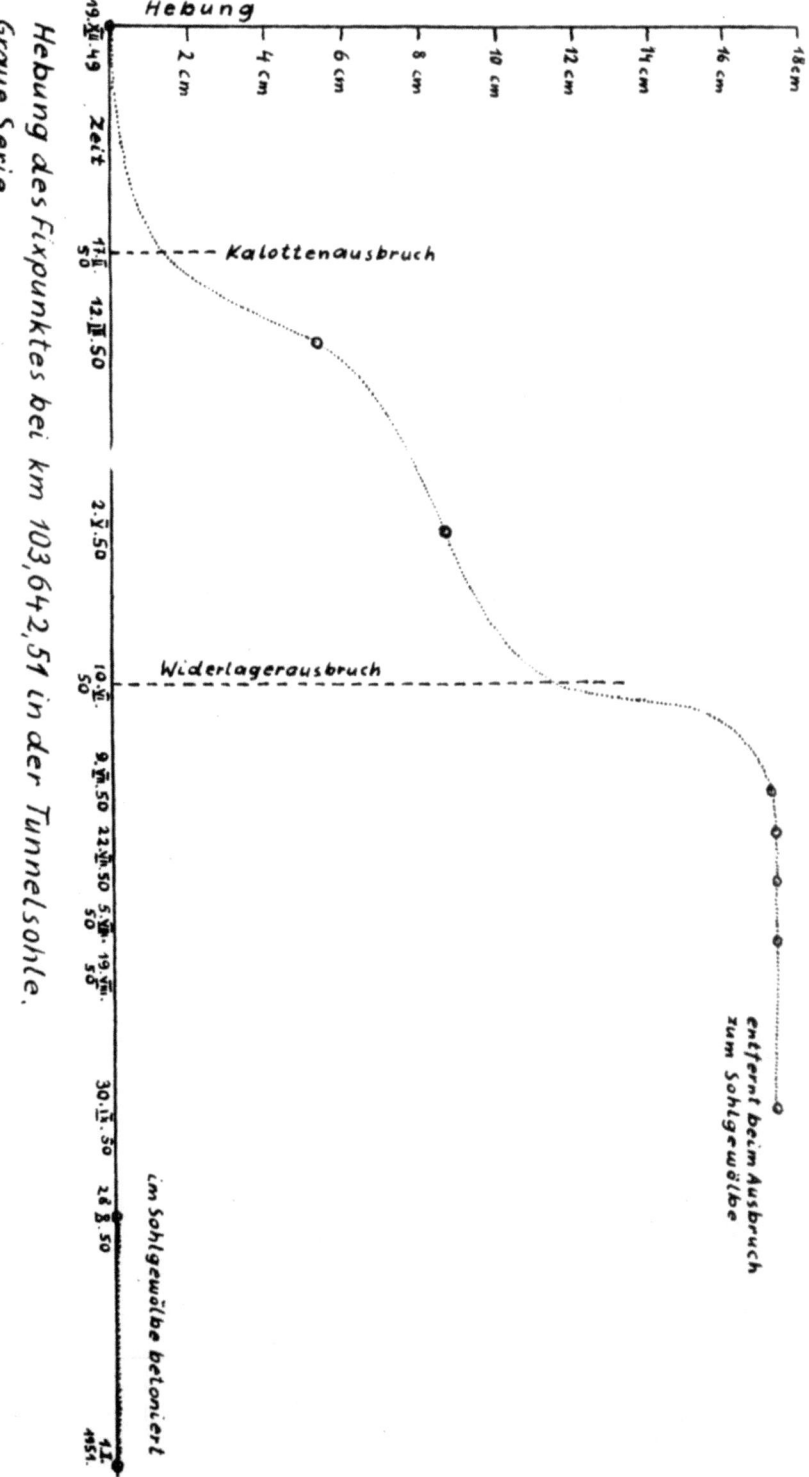

Fig. 18

Hebung des Fixpunktes bei km 103,642,51 in der Tunnelsohle. Graue Serie.

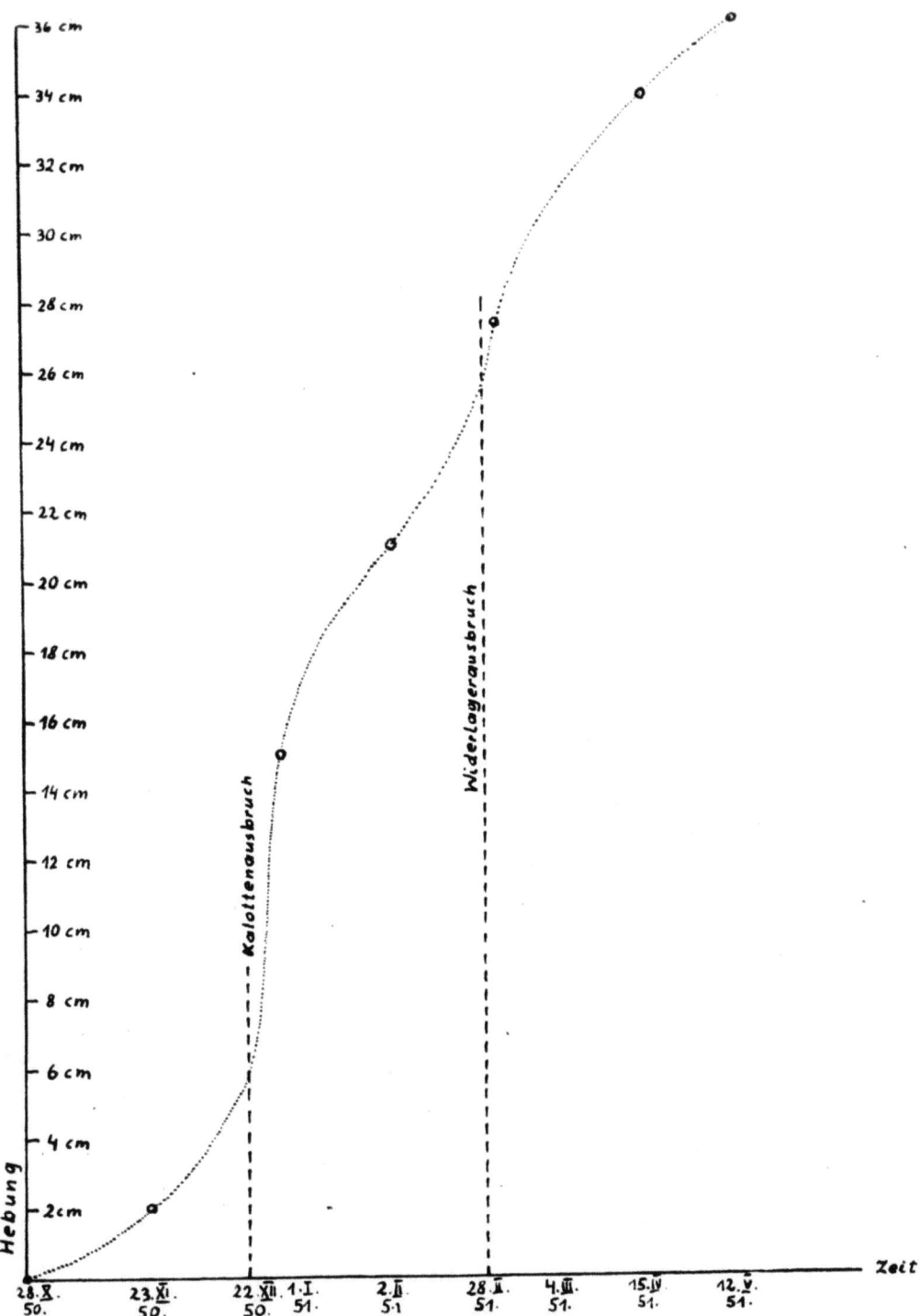

Hebung des Fixpunktes bei km 104,167,46 in der Tunnelsohle.
Schiefermylonite.

Fig. 19

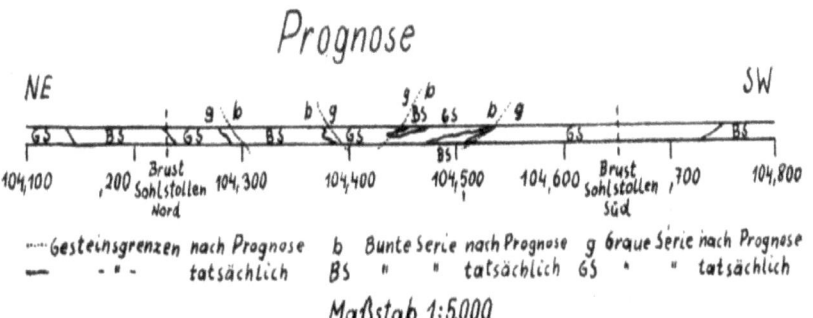

Fig. 20

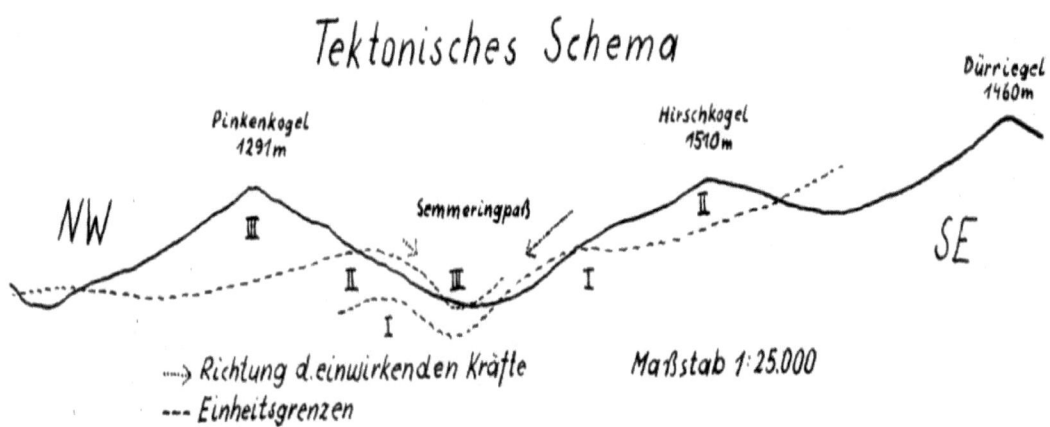

Fig. 21

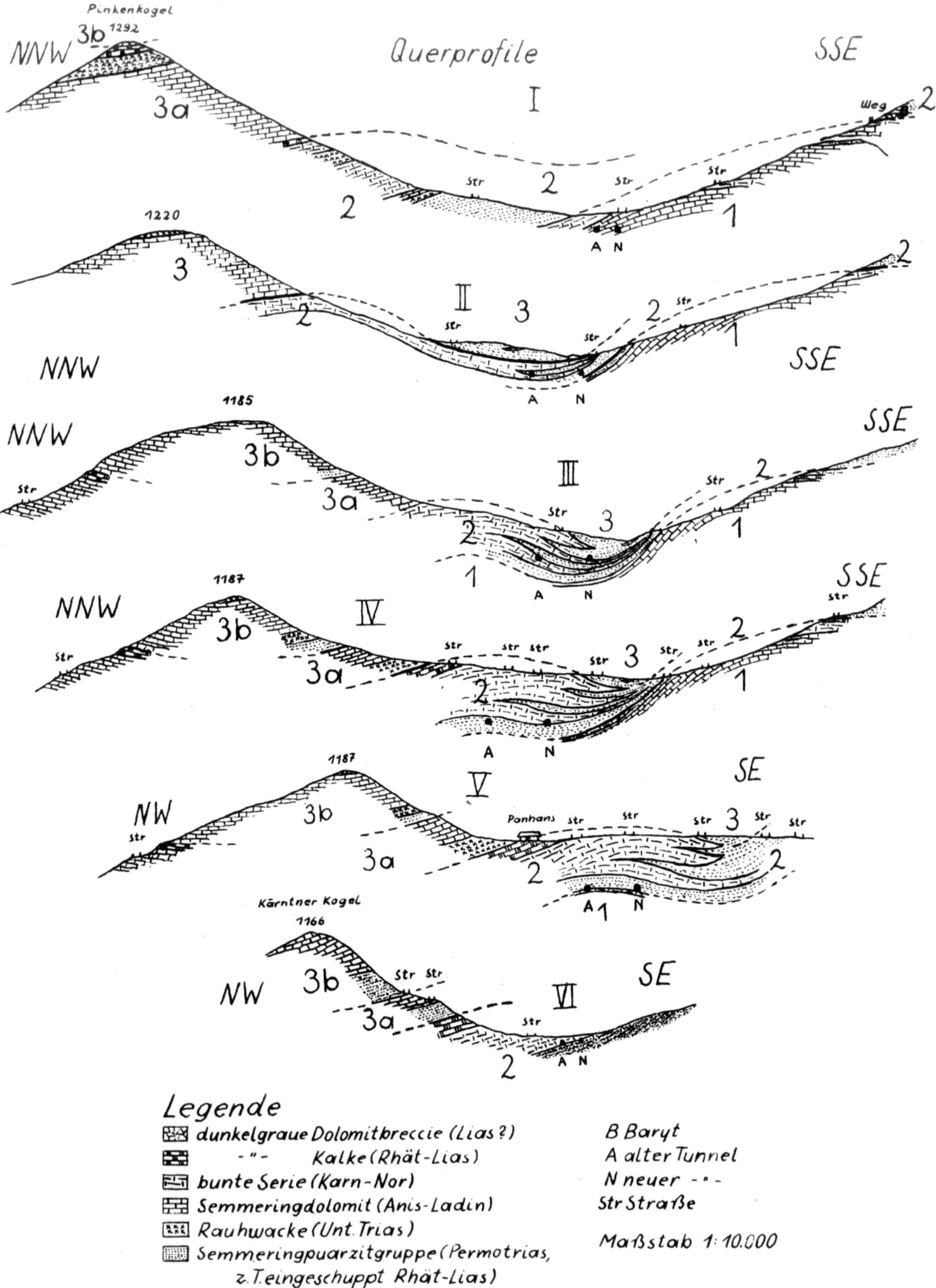

Additional information of this book

(Geologie des neuen Semmeringtunnel); 978-3-211-86122-6;

978-3-211-86122-6_OSFO1) is provided:

http://Extras.Springer.com

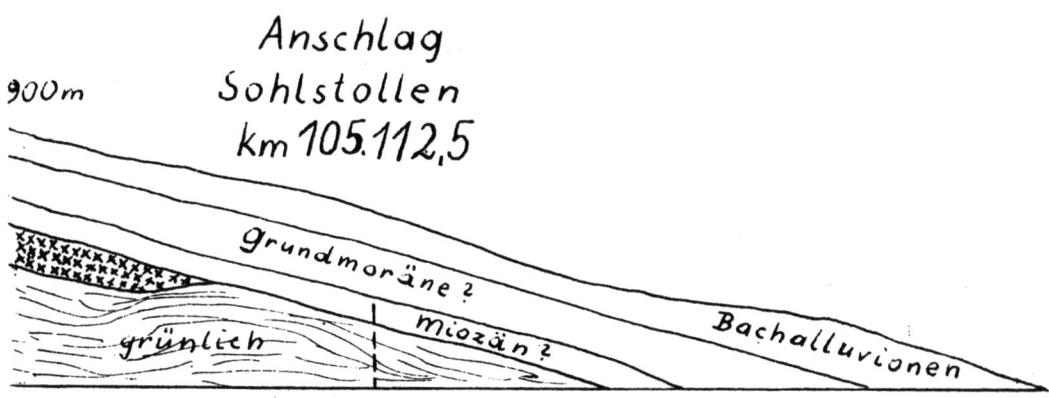

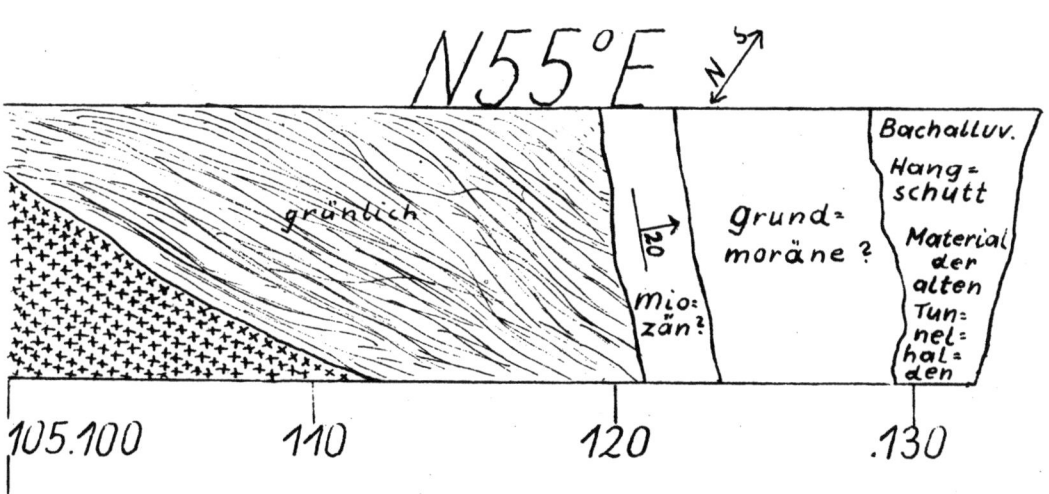

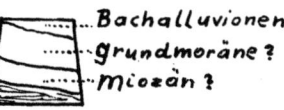

Legende zu den Detailaufnahmen

- bunte Dolomite (Karn-Nor)
- bunte phyllitische Tonschiefer (Karn-Nor)
- weißer Quarzit (Karn)
- Semmeringdolomit (Anis-Ladin)
- Semmeringkalk (Anis-Ladin)
- Rauhwacke (Unt. Trias)
- graue u. grünliche phyll. Tonschiefer (Skyth, z.T. Rhät-Lias)
- graue u. bunte Quarzite u. Quarzsandsteine (Permotrias, z.T. Rhät-Lias)

besondere Eigenschaften sind jeweils gesondert eingetragen

↑10° Lagerung und Schieferung   ↑45° Lage der Störungen

------ unscharfe Grenze

nähere Erläuterungen siehe Kapitel "Geologische Aufnahmen im neuen Tunnel"

Maßstab 1:250

Additional information of this book

(Geologie des neuen Semmeringtunnel); 978-3-211-86122-6;

978-3-211-86122-6_OSFO2) is provided:

http://Extras.Springer.com

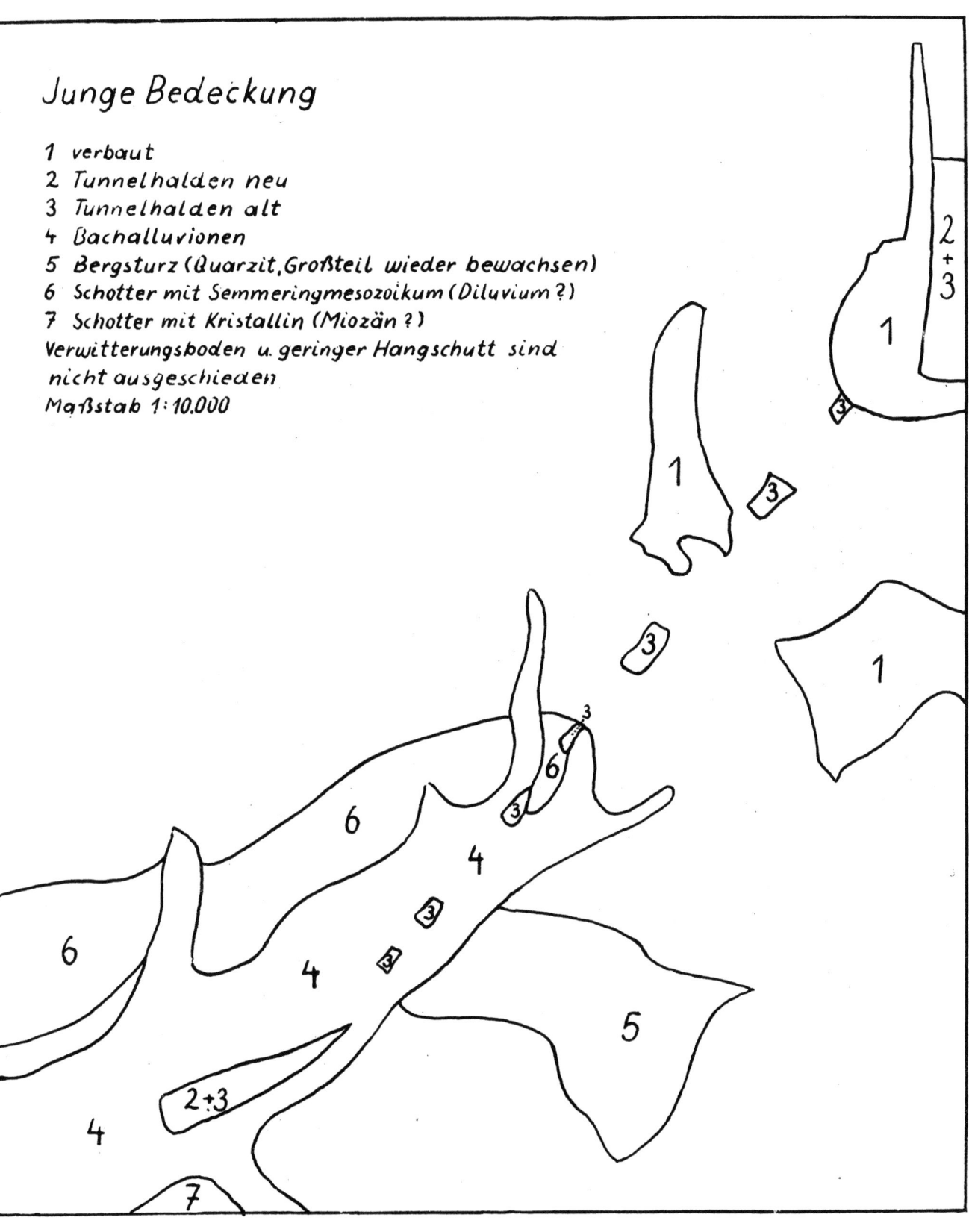

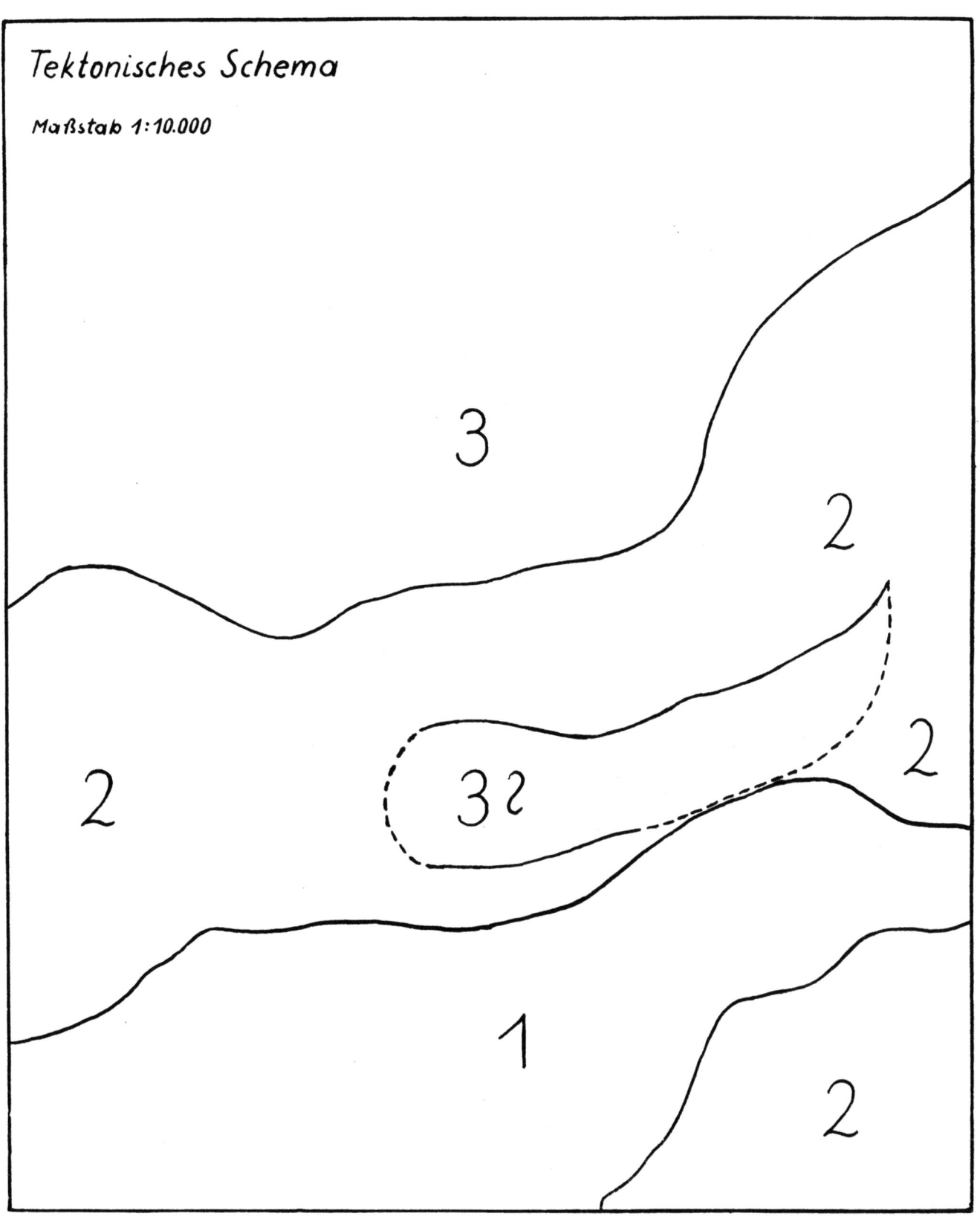

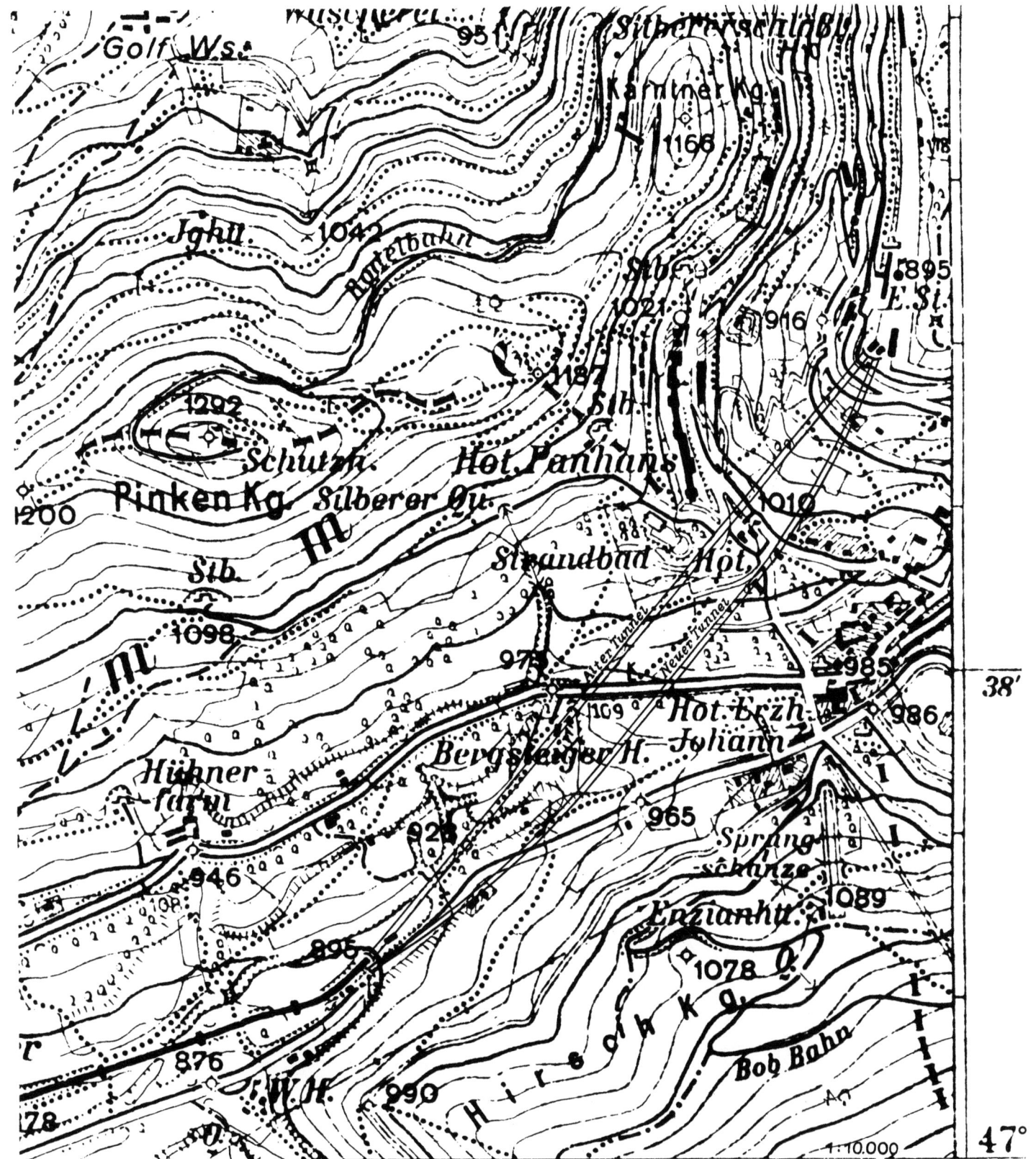

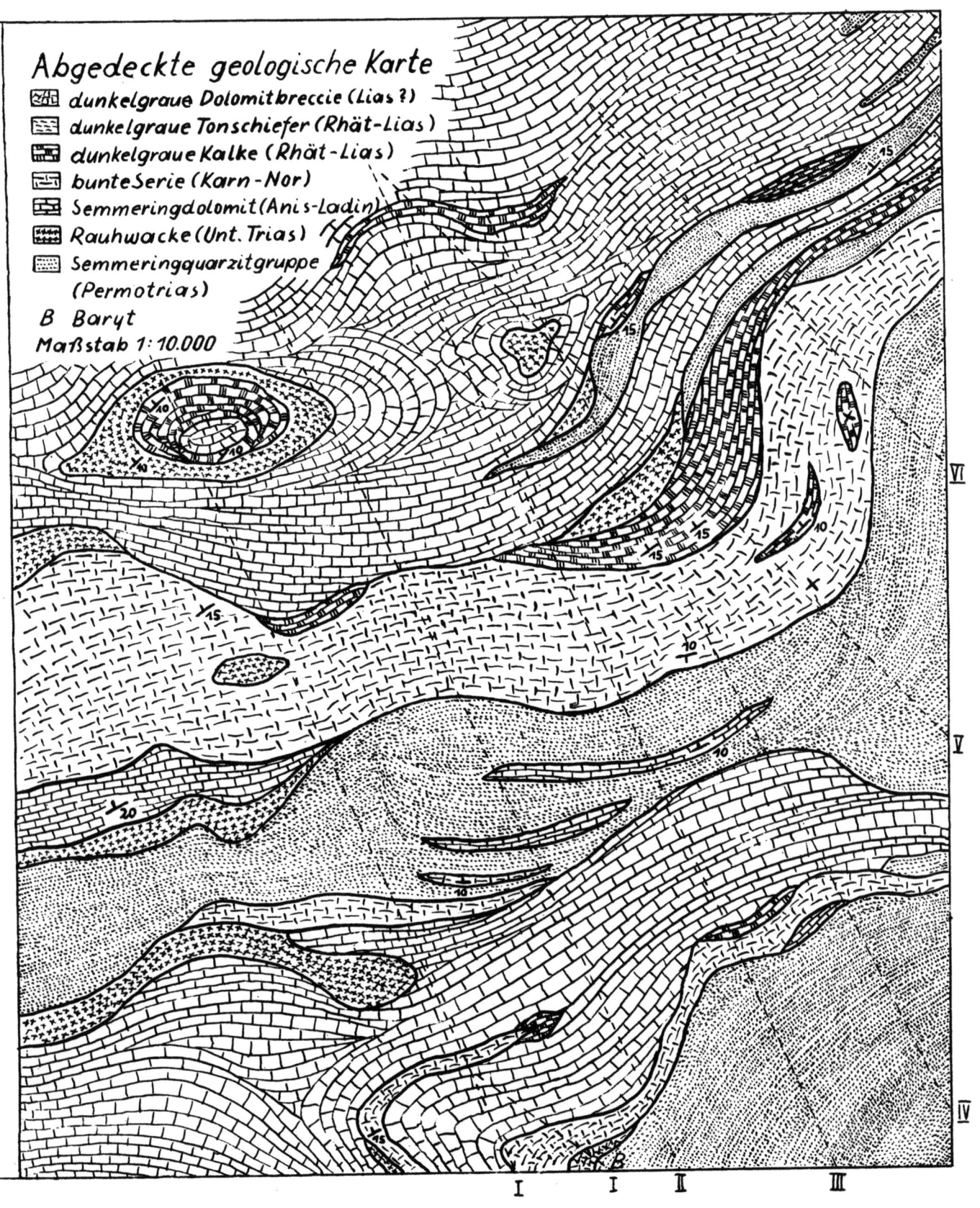

Additional information of this book

(Geologie des neuen Semmeringtunnel); 978-3-211-86122-6;

978-3-211-86122-6_OSFO3) is provided:

http://Extras.Springer.com

If you have any concerns about our products,
you can contact us on
ProductSafety@springernature.com

In case Publisher is established outside the EU,
the EU authorized representative is:
Springer Nature Customer Service Center GmbH
Europaplatz 3, 69115 Heidelberg, Germany

Printed by Libri Plureos GmbH
in Hamburg, Germany